최준식 교수의
서울문화지
I

익선동 이야기

최준식 지음

최준식 교수의 서울문화지

I

익선동 이야기

최준식 지음

주류성

목차

저자 서문

벌써 오래 전 일이다. 내가 서울에 대해 처음으로 책을 낸 것이 말이다. 2003년에 낸 『최준식 교수의 신서울기행』(열매)이라는 책이 그것이다. 이 책에서 나는 남산과 성북동의 성락원, 숭인동의 동묘, 궁정동의 칠궁 등지에 대해 다루었다. 이 유적들은 서울에 남아 있는 중요한 유적이지만 그동안 주목을 받지 못했던 것들이라 소개해 본 것이다.

그리고 몇 년 지나서 2009년에는 『서울문화순례』(소나무)라는 책을 출간했다. 이 책에서 나는 경복궁, 창덕궁, 종묘, 북촌, 국사당, 성균관, 인사동, 홍대 입구 등과 같은 고전적인 장소를 소개했다. 이곳들은 워낙 유명한 곳이라 그동안 많은 사람들이 소개했지만 내가 보기에 그들의 설명에는 핵심적인 설명이 빠진 것 같았다. 그래서 나는 이 책에서 이 지역들에 대해 나름대로 새로운 정보를 소개한다는 생각으로 책을 냈는데 그다지 반응은 없었던 것으로 기억된다.

그 뒤 나는 서울의 전통 유적에 대해서 어느 정도 설명을 했다고 생각하고 더 이상 서울을 대상으로 책 쓸 생각을 하지 않았다. 그러다 2016년에 서울 시내 유적을 조사하고 답사하는 대학원 수업을 오랜만에 하게 되었다. 솔직히 그때에는 그 수업에 별 기대를 하지 않았다. 서울의 전통 명소와 유적에 대해 이미 책을 출간한 나로서는 새로운 게 더 있을까 하는 생각이 들었기 때문이었다. 그러나 어떻든 수업을 하는 것이니 새롭게 하고 싶었다. 그래서 생각한 것이 '현지 사람의 눈으로 보는 답사를 해보자'는 것이었다.

그저 문헌만 들쳐보고 외부인의 입장에서 답사하는 것이 아니라 그 지역에 사는 현지인들과 대화를 나누어 보고 그들의 시각으로 그 지역을 바라보자는 것이었다. 다시 말해 우리의 입장에서 현지를 대하지 말고 가능한 한 내부자의 입장에서 그 지역을 이해해보자는 것이었다. 그렇게 하면 어떻게든 새로운 것이 더 나올 것이라는 기대감이 들었다. 그리고 그런 시각으로 해당 지역을 대해야 그 지역을 진정으로 이해 할 수 있다는 확신도 있었다. 그렇지 않겠는가? 해당 지역을 우리 눈으로만 보면 그것은 겉모습밖에 이해하지 못하게 되는 것 아니겠는가?

나름대로의 모토를 그렇게 세워놓고 제일 먼저 답사 간 곳이 익선동이었다. 이 지역은 2010년대 중반부터 요즘 말로 하면 아주 '핫한' 장소(hot spot), 혹은 힙타운이 되어 있었다. 나는 이전부터 이 지역을 출입하면서 이 지역이 다른 곳과 다르다는 것을 조금은 눈치 챘지만 그때에는 그게 무엇인지 확실하게 알지 못했다. 이 지역에는 북촌처럼 한옥이 꽤 있었지만 다른 한옥 마을과 어떻게 같고 다른지 잘 알지 못했던 것이다. 그래서 익선동 답사는 이 지역이 다른 비슷한 지역과 어떻게 같고 다른지를 파보는 것으로 시작했다. 물론 이 지역에 사는 내부자의 관점에서 바라보아야 한다는 모토도 잊지 않았다.

나는 당시 답사를 시작하면서 작은 약조를 하나 만들었다. 아무리 시간이 걸리더라도 한 지역을 제대로 이해하기 전에는 다른 지역으로 넘어가지 않겠다고 말이다. 더 많은 지역을 가는 것이 중요한 게 아니라 한 지역을 가더라도 그 지역을 제대로 이해하자는 것이다. 그런 마음으로 이번 답사를 시작했는데 맨 처음 답사지인 익선동을 조사하고 답사하는 데에만 한 달 이상의 시간이 걸렸다. 현지인들과 면담하고 식당에는 가서 직접 먹어보는 등 심층적인 답사를 하다 보니 그렇게 된 것이다. 이것은 학생들과 같이 한 시간이 그렇다는 것이고 이 책을 쓰면서 나는 또 혼자 수시로 익선동을 드나들고 다시 자료 조사를 했다. 사진도 다시 찍고 한 장소를 몇 번이고 갔다. 그러니 익선동 한 지역을 조사하고 글을 쓰는 데에만도 몇 달이 걸렸다.

어떻든 학생들과 그렇게 진행해보니 한 학기 동안 갈 수 있는 지역이 매우 한정되었다. 익선동을 포함해서 북촌까지밖에는 답사할 수 없었던 것이다. 정확히 말하면 북촌 답사가 다 끝나기도 전에 학기가 어느새 끝나가고 있었다. 원래는 이럴 심사(心事)가 아니었다. 서촌은 말할 것도 없고 영천 시장 앞 동네인 교남동, 사직단, 그리고 경교장이나 홍난파 가옥이 있는 인왕산 기슭을 뒤지고 그 길로 인왕산에 올라가 국사당, 선바위, 마애불, 그리고 성곽이나 인왕산 자체 등을 모두 답사할 예정이었다. 그랬던 게 이곳들은 발도 디뎌보지 못하고 학기가 속절없이 끝난 것이다. 사정이 이렇게 된 것은 앞에서 말한 것처럼 대상 지역들을 샅샅이 뒤지면서 그곳에 있는 현지인들과 대화를 하다 보니 늦어진 것이다.

이번에 출간하는 익선동 답사지는 그렇게 해서 나온 첫 번째 답사 책이 된다. 그런데 노파심에서 이 책을 읽는 독자들에게 드리고 싶은 말이 있다. 이 책은 해당 지역의 가이드 역할을 하는 책이 아니라는 것이다. 가이드 책들은 그 지역에 대한 여러 정보들을 담아준다. 그 지역에 가는 방법이라든가 어디를 어떻게 보아야 하는지 혹은 어떤 식당이나 카페에서 무엇을 먹고 마실 것 등에 대해서도 많은 정보를 준다. 이 책은 그런 유의 책이 아니다. 이 책에서 독자들은 이런 정보들을 접하지 못할 것이다. 다르게 말하면 이 책은 이 지역에 처음 가는 사람에게 그 지역에 대한 정보를 주거나 그 지역을 소개해주는 그런 책이 아니라는 것이다.

물론 나는 이 책에서 해당 지역에 대한 기본적인 정보는 언급할 것이다. 그러나 요즘이 어떤 세상인가? 어디를 가든 전화기 몇 번 두드리면 그 지역에 대한 상세한 정보가 나오는 세상 아닌가? 세상이 그렇게 바뀌었는데 그런 정보를 굳이 다시 책에 늘어놓는 것은 그다지 현명한 일이 아니다. 그보다는 좀 더 살아 있는 이야기를 내 입장에서 편하게 서술해야겠다는 생각이 컸다.

나도 이 서울에 60년 이상을 살았으니 내가 보는 식대로 서울에 대해 쓰는 것도 그다지 나쁘지 않을 것이라는 생각이 있었다. 그러나 그저 내 입장에서만 쓰겠다는 것은 아니고 기존의 안내 책자나 수많은 블로그, 여행 가이드 책에서는 발견하기 힘든 정보를 포함시키려고 나름대로 노력을 기울였다. 서울에 오래 살았으니 다른 이나 젊은이들이 찾아내기 어려운 것들을 포함시키려 한 것이다. 내 입장에서는 나름대로 이 지역에 대해 심층적인 답사를 했고 시중에서 접하기 힘든 정보를 찾아냈다고 생각한다. 그리고 그 결과를 이 책에 집약시켰다고 주장하고 싶은데 과연 독자들이 어떻게 여길지는 두고 보아야겠다.

2018(4351)년 겨울 한복판에서

지은이 삼가 씀

감사의 글

이 책이 이처럼 출간될 수 있는 것은 전적으로 제자들과 출판사의 공이 크다. 본문에서도 밝혔지만 2017년 봄 학기에 나는 서울의 역사유적을 조사 및 답사하는 대학원 과목을 열었다. 이 책은 바로 그 수업의 산물이라고 할 수 있다. 당시 이 수업을 들었던 학생들은 열의와 성의를 다해 수업에 임했다. 지면을 빌어 이 수업에 참여했던 이진아, 전경선, 김효진, 원소희 학생에게 큰 감사를 드리고 싶다. 이들에게 특히 감사하고 싶은 것은 좋은 자료들을 많이 소개한 것과 현지에서 지역 주민에게 직접 다가가 생생한 정보를 얻어준 것이다.

이 중에서도 이진아 씨에게는 다시 감사를 드려야 하는데 그것은 그가 내 원고를 읽어주고 오류나 첨가할 것을 밝혀주었기 때문이다. 내 글의 첫 번째 독자가 된 셈이다. 그의 헌신 덕분에 한결 더 좋은 원고가 되었다. 끝으로 제자이자 동료인 송혜나 교수에게도 감사드리고 싶다. 그와는 익선동 답사를 많이 다녔는데 그때 그가 찍은 사진들을 정리해주어 이 책에서 요긴하게 쓸 수 있었다. 또 일본의 교토 뒷골목 사진을 보내준 도쿄 거주의 이사호 씨에게도 감사의 말을 전하고 싶다.

출판사에 감사드리는 것은 너무나도 당연한 일이다. 많이 부족한 내 원고가 출간될 수 있었던 것은 전적으로 주류성 출판사의 최병식 사장의 용단에 힘입은 바가 크다. 다시 한 번 감사드리고 이 다음으로 나오게 될 동(東) 북촌 원고도 꼭 출간해주었으면 하는 바람이다. 출판사에 감사할 일은 또 있다. 이 같은 답사 책은 사진이 많이 들어간다. 그래서 좋은 사진이 필요한데 나나 제자들은 전문적인 사진가가 아니다. 따라서 사진의 질이 떨어질 수밖에 없다. 출판사에서 이것을 보완해주어 여간 감사한 게 아니다. 출판사는 내가 소개한 답사지나 식당 등을 일일이 방문해 아주 좋은 사진을 찍어주었다. 이 덕분에 이 책이 환골탈태한 것 같은 느낌을 받는다. 그밖에 이 작은 책이 나오느라 수고하신 분들께 심심(深深)한 감사의 말씀을 전하고 싶다.

익선동 주변을 어슬렁거리며

솔직히 말해서 이 지역은 내게도 매우 생소한 지역이었다. 이름이야 알았지만 이 지역의 정체에 대해서는 잘 알지 못했다. 북촌이나 인사동을 다니고 그 지역에 대해 책으로 쓸 때에도 익선동에 한옥이 100여 채 있다는 것만 들었을 뿐 그곳이 정확히 어디를 지칭하는지 잘 몰랐다. 또 그 지역을 간혹 지나가는 경우가 있었지만 볼품없는 작은 한옥들만 있어서 관심의 대상이 되지 못했다. 북촌에는 그래도 윤보선 고택이나 백인제 가옥 같은 장대한 한옥들이 있어 마을의 품격을 높여주었지만 이 익선동은 고만고만한 한옥만 있어 관심이 가지 않았던 것이다.

익선동에 대한 과거 이미지 -
허리우드 극장, 악기상가, 그리고 파고다극장

이 지역은 두세 번의 이미지 변신을 거치면서 내게 다가왔다. 가장 이른 시기는 내가 이 지역에 별 관심을 갖고 있지 않았던 수년 전까지이다. 앞에서 말한 것처럼 내가 『서울문화순례』라는 서울의 전통 유적에 관해 책을 쓴 게 10년 정도 되었는데 당시까지도 익선동은 꽤나 낯선 동네였다. 그때 이 지역은 익선동이라는 이름보다 서너 가지 정도의 단어로 기억되었다. 그 서너 가지의 단어란 '허리우드 극장'과 '낙원(악기)상가'와 '파고다 공원' 그리고 '파고다 극장'인데 이 중에서도 내게는 '허리우드 극장이' 가장 친숙하다.

그때는 그 지역의 특정 건물을 지칭할 때 매양 허리우드 극장을 중심으로 그 옆이니 그 뒤니 했던 것 같은데 확실한 언사는 떠오르지 않는다. 그러니까 허리우드 극장이 지형지물처럼 되어 그것을 중심으로 그 지역을 파악한 것이다. 또 이 극장에서 무슨 영화를 본 것 같기는 한데 영화의 제목은 전혀 기억나지 않는다. 나는 영화관처럼 컴컴한 데에 가는 것을 그다지 즐겨 하지 않아 이 극장에 대한 추억은 거의 없다. 게다가 내가 이 지역을 왕래하던 것은 벌써

낙원 빌딩(종로 쪽에서 바라본 것)

40~50년 전의 일이라 기억이 많이 소진되어 더 더욱이 잔상이라도 남아 있는 것이 없다. 그러니 이 극장은 내게는 지형지물로서만 의미가 있었을 뿐이었다.

빈약했던 낙원 악기상가 이미지 낙원 상가에 대한 이미지도 비슷했다. 그곳에 거대한 악기 상가가 있다는 것 정도만 알고 있었을 뿐 내가 직접 그곳을 이용한 적은 없었다. 그러니 이미지가 생길 일이 별로 없었다. 기억에는 10년 전쯤 작은 앰프를 샀던 게 어슴푸레 떠오르기는 하지만 그 이상의 기억은 없다. 그 악기 상가에 대해 기억을 갖고 있다면 그곳은 영동(강남) '룸쌀롱'에서 악사로 뛰는 사람들의 집합소라는 이미지였다. 악사들이 그곳서 대기하고 있다가 룸쌀롱에서 연락이 오면 바로 달려간다고 전해 들었던 기억이 난다. 당시에 나는 그곳에는 그들이 필요로 하는 악기나 앰프가 다 있어 거기에 모여 있었던 모양이라고만 추측할 뿐이었다. 그러다 1990년대 초반에 노래방 기계가 퍼지면서 그들의 생계가 크게 위협받았다는 이야기도 들었는데 그들의 운명이 그 뒤에 어찌 됐는지는 알지 못했다.

내가 낙원 상가에서 악기를 산 것은 외려 최근의 일이다. 이곳에서 내가 제일 먼저 한 일은 악기 구매가 아니라 기타 줄을 바꾸는 것이었다. 나는 요즘에도 기타를 치고 노래를 하는데 문제는 기타 줄을 바꾸어야 한다는 데에 있었다. 내가 젊었을 때는 그까짓 기타 줄 바꾸는 일 같은 것은 아무것도 아니었는데 이제는 자신이 생기지 않았다. 나이가 들수록 손의 감각이 무뎌져 자신이 서지 않았던 것이다. 아예 엄두가 나지 않았다. 기타 줄은 3년 전에 이미 갈았어야 하는데 '여덕지' 갈지 못하고 있었던 것이다. 더 이상은 안 되겠다 싶어 같이 노래하는 제자들과 그 무거운 기타를 들고 낙원 상가로 무작정 향했다(나는 여제자밖에 없으니 기타는 당연히 내가 들었다). 아무 정보 없이 그냥 간 것이었다.

상가 안으로 들어가 악기점 사이를 걷다가 웬 허름한 집에 섰다. 공연히 그 집서 '필'이 온 것이다. 그런데 그 집은 악기 판매점이 아니라 수리하는 곳 같았다. 거기 있는 아저씨에게 기타 줄 가는 데 얼마냐 했더니 만 5천 원이란다. 다른 집 가서 물어보는 것도 귀찮고 해서 그냥 해달라고 했다. 그렇게 부탁해 놓고 그 아저씨를 자세히 보니 귀가 살이 쪄 있었다. 그걸 양배추 귀라고 한다는 이야기도 있던데 그런 귀를 가진 사람은 의심할 여지없이 레슬링이나 럭비, 유도를 한 사람들이다. 경기 중에 상대방과 자꾸 부딪히니까 귀가 그렇게 변한 것이다. 그래 '아저씨 레슬링 선수였느냐' 하고 물으니 유도 선수였단다. 그것도 3단. 그래 다시 어쩌다 운동 하던 분이 기타 수리를 하느냐고 물으니 그냥 웃기만 했다.

나는 그 아저씨 이야기를 듣고 이 악기 상가에는 다양한 전력을 가진 사람들이 장사를 하고 있구나 하는 생각이 들어 재미있었던 기억이 난다. 그러니까 다양한 사람들이 모여 이런 대단한 음악 공동체를 만들어낸 것이다. 음악이 좋아 어떤 사람은 악기를 팔고 어떤 사람은 그 악기를 가르치고 또 어떤 사람은 음악을 만들고 하는 등 실로 음악을 중심으로 색다른 사람들이 모여 세계적인 음악 공동체를 만든 것이다. 그런 점에서 낙원 악기상가는 대단한 곳이라 할 수 있다. 이 지역에 대한 자세한 이야기는 나중에 하게 되니 그때까지 기다려 보자.

지금은 다 바뀐 '파고다' 공원과 '파고다' 극장 이렇게 낙원 상가와는 극히 최근에 인연이 생겼지만 그에 비해 파고다 공원이나 극장에 대해서는 이전부터 많은 이야기를 듣고 있었다. 파고다 공원은 지금은 탑골 공원으로 불리지만 아직도 내게는 파고다 공원이라고 하는 게 익숙하다. 내가 어렸을 때는 그 공원을 파고다 공원으로 불렀기 때문이다. 이 파고다 공원에 대한 이미지 역시 내게는 남아 있는 것이 별로 없다. 그저 파고다 아케이드라는 당시로서는 첨단의 상가가 있었다는 것 정도뿐이었다. 3.1 운동이 이곳서 시작되었다는 것도 당시에는 그다지 관심을 끌지 못했다. 또 그곳에 국보 2호인 원각사지 10층 석탑이 있다는 사실도 어린 내게는 아무 흥밋거리가 되지 않았다. 그때에는 한국 역사나 문화가 중요하게 취급되던 때가 아니라 그런 역사적인 유물들은 내 레이더에 전혀 잡히지 않았다.

그런 형국에 있는 파고다 공원보다 내가 더 흥미를 가졌던 것은 파고다 극장이었다. 이 극장에 대한 이야기는 내가 대학생 때인 1970년대부터 듣고 있었다. 그 이야기는 다름 아닌 이 극장이 게이들의 집합소였다는 것이었다. 특히 이 극장의 변소에 가면 게이들이 정보를 서로 주고받는 표시가 되어 있다는 이야기를 많이 들었는데 그것이 사실인지 아닌지는 나도 잘 모른다. 또 극장 주변에서 바지 뒷

주머니에 손수건을 어떤 방식으로 꽂고 있으면 그게 게이라는 표시가 되어 게이들이 서로 접선하는 수단으로 삼는다는 이야기도 있었다. 그러나 이런 것들은 속성 상 '카더라' 과에 속하는 이야기라 진실인지 아닌지는 확인할 수 없었다. 그런가 하면 그 주변을 어슬렁거리면 게이들이 직접 다가와 하루 밤을 같이 할 것을 청한다느니 하는 이야기도 심심치 않게 들었다.

그때는 게이라는 성소수자에 대한 시각이 아주 생소했다. 그래서 그런 이야기를 들으면 더 신기해했던 기억이 난다. 이번에 이 지역을 심층 답사를 해보니 파고다 극장은 건물은 남아 있는데 용도는 완전히 바뀌어 사용되고 있었다. 이 극장은 극장계의 침체로 2001년에 영업을 그만두었는데 그 뒤로 많은 변모를 겪게 된다. 지금은 용도 변경되어 식당이나 가게, 고시원 등의 상업시설이 들어와 있다.[1] 이 극장을 조사해보니까 전혀 몰랐던 사실도 알게 되었다.

예를 들어 이곳이 들국화나 부활 같은 락 밴드들의 공연장으로 활용되었다는 사실도 이번에 처음 알았다. 연구자

1) 송영구(2013), "1980년 이전 영화관의 장소적 기억의 지속에 관한 연구: 서울 종로구의 파고다 극장을 중심으로", 경희대학교 석사학위논문, p. 44.

[2]에 따르면 이곳이 한국 락음악의 산실과 같은 역할을 했다는데 내가 대중가요를 조금 공부해보았지만 이 정보는 처음 접하는 것이었다. 그리고 기형도 시인이 1989년 3월 어느 날 새벽(3시 반경)에 이 극장의 좌석에서 죽은 채로 발견됐다는 것도 의외의 소식이었다.

그런데 개봉관으로 시작한 파고다 극장은 후에 안타깝게도 2~3류 영화관으로 전락하고 만다. 이런 극장에서는 개봉작을 상영하는 것이 아니라 한 물 간 영화를 동시에 2편 씩 틀어주었는데 당시 우리는 이런 극장을 '동시상영관'이라고 불렀다. 그러니까 표를 사 가지고 들어가면 2편을 동시에 볼 수 있었던 것이다. 그때에는 이런 영화관이 많았다. 지금도 기억나는 것은, 을지로 6가 사거리 가도에 있었던 계림 극장, 신당동 떡볶이 골목에 있던 동화 극장, 신당역 근처에 있던 성동 극장과 광무 극장이 다 그런 곳인데 이 극장들은 모두 없어졌다. 이 극장들은 역사가 나름 있는 극장인데 하나도 남기지 않고 다 없애버려 아까운 마음이 크다. 나는 대학 다니던 1970년대에 이런 극장에 가서 싸구려 무협영화 보는 게 작은 취미였는데 그때 입장

---

2) 한상언(2016), "1980년대 초반, 소극장 등장과 그 배경에 관한 연구". 『현대영화연구』, 24권, p. 98.

료로 500원을 지불했던 기억이 난다. 이 파고다 극장에 오면 이 지역에 대한 기억은 없고 과거 싸구려 극장에 대한 추억이 새롭게 생각나 신이 나서 제자들에게 이야기하면 그들은 내 이야기에 별 반응을 보이지 않았다. 내가 하는 이야기가 그들이 알고 친숙한 문화와 너무 달라 반응을 하고 싶어도 못하는 모양이었다.

익선동을 조금씩 알아가며

1970년대에 형성된 익선동 이미지는 거의 40년은 지속된 것 같다. 다시 말해 그 기간 동안 내가 익선동에 대해 갖고 있었던 이미지는 바뀌지 않았다는 것이다. 그 동네 쪽으로는 거의 가지 않았으니 새로운 이미지가 생기고 말 게 없었다. 내가 서울의 문화유산에 대해 관심을 갖고 본격적인 공부를 시작한 게 2000년대 들어와서의 일인데 그때에도 익선동은 전혀 내 관심의 대상이 아니었다. 나의 관심 대상은 일단 북촌이었고 그 다음이 인사동이었다. 당시에는 북촌의 골목길에 사람들이 별로 없었다. 아직 북촌이 알려지기 전이었기 때문에 사람들의 왕래가 별로 없었던 것이다. 그래서 사진 찍기도 아주 쉬웠다.

지금도 기억나는데 당시 북촌에는 주민들이 살고 있었고 지나가는 외부인도 별로 없었다. 사정이 그러니 외국인들 역시 거의 없었다. 외국인으로는 일본인들이 아주 간혹 눈에 띄는 정도였다. 그들은 드라마 "겨울연가"의 촬영장인 중앙고등학교와 유진(최지우 분)의 집을 방문하러 왔다가 온 사람들이었다. 당시에 중앙고교 앞에 가면 일본인들을 태운 차가 항시 오고 가곤 했다. 또 그 학교 정문 옆에는 한류 관련 용품 파는 가게가 4개나 포진해 있었다. 이제는 다 지나간 소리가 되었지만 그때는 그곳만 가면 한류의 인기를 실감할 수 있었다.

인사동 유감 북촌을 그렇게 돌아다니고 나면 그 다음에는 인사동으로 발길을 옮기기 일쑤였다. 인사동에는 식당이나 술집이 많으니 북촌 답사가 끝나면 자연스럽게 그곳으로 향했던 것이다. 이번에는 인사동 이야기를 본격적으로 하지 않겠지만 사람들이 몰라서 그렇지 이곳에도 의외로 이야기할 것이 많다. 골목 하나하나에 얽힌 이야기들이 꽤 있다. 개인적으로 볼 때에 인사동이 그리 좋지 않게 변해 안타깝지만 그래도 나는 그곳을 1968년부터 왕래를 했기 때문에 여기저기에 서려 있는 이야기들을 조금은 안다. 그때에 나는 지금 정독도서관으로 쓰고 있는 학교를 6

년 간 다녀서 인사동은 등하교할 때 자주 지나치는 곳이었다. 그러나 당시 나는 중고교생이었으니 그곳에 있던 많은 골동품 가게에 대해서는 관심이 전혀 없었다. 그래서 어떤 집이 어떻게 있었는지는 기억이 잘 나지 않는다. 그저 그곳에 있는 가게들이 고풍스러웠고 노인들이 많아 격조(?) 있는 동네였던 것 정도만 기억날 뿐이다.

이 지역과 관련해 정확히 기억나는 것은 안국동 쪽 입구에 박정희 유신 시대 말기에 당시 야당이었던 신민당의 당사가 있었다는 것이다. 그 시절에 신민당 총재가 김영삼인지 아닌지는 잘 기억이 안 나는데 김영삼은 그때(1979년) 박정희 도당에 의해 국회의원 직에서 제명당한다. 당시에는 이처럼 국민이 뽑은 국회의원을 독재 정권이 자르기도 하는 아주 원시적인 저급의 정치가 횡행하고 있었다. 그러나 그렇다고 고분고분할 국민들이 아니었다. 박정희는 자신이 둔 무리수 때문에 그 해에 살해당했으니 말이다. 그곳서 종로 쪽으로 한 50~70m만 올라가면 전두환이 대통령할 때 여당이었던 민정당이 당사로 썼던 건물이 나온다.(지금은 헐렸다) 이 민정당사를 대학생들이 기습적으로 침입해 데모를 했다는 기억이 있는데 그게 언제인지 정확히 몰라 인터넷을 찾아보니 1984년의 일이었단다. 이 이야기를 하는 이유는 지금은 정당 당사가 거의 여의도에 있지만 당시는 이처럼 시내에 있었다는 것을 상기시키기 위함이다.

어떻든 그러다 인사동은 전통의 거리로 각광을 받게 되었고 사람들이 많이 오는 명소로 바뀌었다. 그러자 속칭 '젠트리피케이션'이라는 게 시작돼 가게들의 임대료가 올라가자 그곳에 있던 골동품 가게들은 그 지역을 떠나지 않을 수 없었다. 떠밀려서 이곳을 떠난 가게들은 다시 장안동에 둥지를 트는데 이곳 역시 한 번쯤은 방문해야 하는 곳이다. 새로운 골동품 거리가 형성되었기 때문이다. 한 번 가봐야 하는 이유는 단순하다. 거기 가서 구경하면 재미있기 때문이다. 나도 몇 번 가서 물건들을 산 적이 있는데 그때 다양한 골동품들을 보는 재미가 쏠쏠했던 기억이 새롭다.

이런 이야기를 나누면서 인사동을 한 바퀴 돌면 대체로 민가다헌을 거쳐 천도교 교회당 앞에서 답사가 끝나게 된다. 천도교 교회당에서는 낙원 상가가 앞에 뻔히 보이는데도 그쪽 지역으로 갈 생각은 하지 않았다. 또 혹시 운현궁에 답사 갈 기회가 있으면 운현궁까지만 갔지 조금 더 가서 익선동으로 들어갈 생각은 하지 않았다. 익선동은 여전히 내 레이더에는 잡히지 않았던 것이다.

교동초등학교 입구에서 바라 본 낙원빌딩

드디어 레이더에 들어온 익선동 그런데 북촌을 공부하다가 정세권이라는 분의 이름을 알게 되었다. 이 분에 대해서는 본론에서 자세하게 볼 터이니 여기서는 그 대강만 보자. 이 분은 요즘에 들어와 조명을 받게 되었는데 최근까지 학자들만 거론했을 뿐 일반인들에게는 거의 알려지지 않았다. 북촌이나 익선동을 이야기하면서 이 분을 언급하지 않는다는 것은 어불성설이다. 이유는 간단하다. 이 분이 아니었으면 익선동이나 북촌에 한옥 마을이 생겨날 수 없었기 때문이다. 이 지역에 있는 한옥은 윤보선 고택 같은 옛 집을 빼놓고 거의 이 분이 만든 것이다.(최근에 만든 것 빼고) 이 분의 직업을 요즘 말로 하면 디벨로퍼(developer)라고 한다는데 이것을 풀면 부동산 개발업자가 된다. 간단히 말해서 익선동이든 북촌이든 이 분이 땅을 사서 그 땅에다 한옥을 지어서 사람들에게 분양한 것이라는 것이다. 우리가 현재 익선동과 북촌에서 보는 한옥은 전부 그렇게 해서 생긴 것이다.

이런 정보를 접한 뒤로 익선동에 대한 관심이 생기기 시작했다. 같은 사람이 개발했다고 하니 가서 보아야겠다는 생각이 강하게 들었다. 그 즈음해서 내가 접했던 정보는 서울에는 한옥이 있는 지역이 얼마 안 남아 있는데 그 중에 익선동은 아직 개발이 안 된 상태로 100여 채의 한옥이 남아 있다는 것이었다. 그런데 나중에 심층적으로 익선동을 파고 들어가 보니 이곳에 이렇게 한옥이 많이 남아 있을 수 있던 것은 기적까지는 아니더라도 아주 복잡하고 힘든 과정을 거친 결과라는 것을 알 수 있었다. 이 지역도 다른 낙후 지역처럼 도심 재개발 사업을 추진하려고 했었단다. 그런데 다행스럽게도(?) 근 10년을 여러 세력들이 이해 다툼으로 공방을 하다 그 덕에 개발은 물 건너가게 되어 이 한옥들이 유지된 것이다. 만일 이때 합의를 봐서 개발에 들어갔더라면 한옥을 다 밀어버리고 또 아파트니 오피스텔이니 하는 것들을 지을 판이었는데 극히 다행스러운 일이 아닐 수 없었다. 여러 세력들이 싸우다 소중한 한옥 마을이 철거 위기를 넘겼으니 이런 경우를 두고 천우신조라고 하면 딱 맞겠다.

통한의 교남동 익선동을 이야기하다 보니 비슷한 운명에 처했던 지역이 생각나 비록 옆길로 새는 것이지만 이 지역에 대해 한 마디 하고 가야겠다. 이곳은 종로구 교남동을 말하는데 서대문에 있는 영천 시장 건너편에 있는 동네이다. 내가 앞에 붙여 놓은 소제목을 '통한의 교남동'이라고 한 데에는 나름의 이유가 있다. 이곳 역시 익선동처럼 좋은 한옥이 꽤 있던 지역이었는데 2010년대 중반에 그 집들을 다 쓸어버리고 아파트를 지었기 때문이다. 또 예의 주상복합 건물을 지은 것이다.

나는 이 지역을 잘 몰랐다. 이 지역에 올 일이 없었으니 아예 관심조차 없었다. 그러다 10여 년 전에 송파에서 서소문 쪽으로 이사 와 이화여대를 오다가다 보니 이런 동네가 있는 것을 처음 알았다. 물론 그 전에도 그곳에 60년 이상 된 도가니탕 집인 '대성집'이 있어 한두 번 간 적은 있지만 말이다. 이 지역은 건물 때문에 밖에서는 잘 보이지 않았지만 안으로 들어가면 1930년대부터 1970년대까지의 세월이 고스란히 간직되어 있었다. 아직도 기억에는 내가 처음에 이 지역을 돌아다녀보고 이내 추억과 선망에 빠져들었던 내 모습이 선하다. 그곳에는 나로 하여금 고향집을 연상하게 만드는 고색창연한 한옥이 있었고 나를 어린 시절로 보낼 수 있는 1960-1970년대의 집들이 있었다.

2010년대 초에 찍은 대성집

60년 역사를 자랑하는 교남동 대성집(지금은 독립문 옆으로 이전했다)

독립문 옆으로 이전한 대성집(위), 대성집 도가니탕(아래)

특히 어떤 집은 내가 어릴 때 자주 보던 양식으로 지어져 있어 한참을 그 집 앞에 서서 보기도 했다. 지금도 그 집 앞에 서서 밀려오는 옛 추억에 가슴이 설렜던 기억이 난다. 또 그곳에는 무당집이 꽤 있었는데 다들 허름한 집이었지만 한국의 전통종교를 사랑하는 나로서는 그 무당집들 앞을 지나가는 것 자체가 큰 즐거움이었다. 그런가 하면 대로 변에는 1960-70년대 물품을 파는 곳도 있었고 그 물품을 보고 즐길 수 있는 카페 같은 것도 있었는데 그 곳의 이름은 당최 기억이 나지 않는다.

그래서 나는 학생들은 물론이고 주위의 지인들과 그 근처에 갈 일이 있으면 반드시 그 동네를 들려서 보여주곤 했다. 그때 나는 종종 이런 말을 했던 기억이 난다. 만일 내가 영화감독이라면 반드시 이곳을 배경으로 영화를 찍겠다고 말이다. 내가 사는 아파트 근처에 이렇게 마음 둘 곳이 있어 항상 마음 든든하게 생각하고 있었는데 어느 날부터 이곳이 사실은 재개발 대상 지역이었다는 소리가 들리기 시작했다. 처음에는 설마 했는데 서서히 주민들이 떠나가는 것이 보였다. 그리고 대로변 건물 안에 있는 사무실들도 이전하기 시작해 건물들이 비어가는 것을 목격할 수 있었다.

교남동에 있던 한옥들

교남동에 있던 1970년대의 집

이 상황이 하도 궁금해 건축학 전공의 동료에게 물으니 그 지역의 재개발은 이명박이 대통령 하던 시절 마지막으로 승인한 곳이라고 알려줬다. 그래서 그에게 어떻게 개발이 되냐고 다시 물으니 보나마나 아파트가 들어설 것이라고 대답해주었다. 순간 '또 도심에 아파트를? 아이쿠 큰일 났구나..' 하면서 있는 욕 없는 욕을 이명박에게 마구 해댔다. 그 동료와 그렇게 날이 선 대화를 나누었지만 우리가 할 수 있는 일은 아무것도 없었다.

그러고 나서 그곳을 지나갈 때마다 보니 공사가 무척 빠르게 진행되는 것이 목격됐다. 그 추억의 아름다운 동네가 황량한 벌판으로 바뀌는 데에는 그다지 시간이 많이 걸리지 않았다. 그때의 허망함이란... 그래서 나는 그곳을 지나가게 되면 애써 얼굴을 돌려 외면하는 소극적인 태도로 일관했다. 물론 주위 사람들에게는 당국과 건설회사에 대해 온갖 심한 욕을 하면서 말이다. 그때 마다 내가 했던 지적은 주로 이런 내용이었다. '저런 지역은 돈이 있어도 만들 수 없는 건데 저렇게 귀중한 걸 없애다니', '이렇게 역사와 문화를 무시해도 되나?', '이 날탕 같은 한국인들이 또 일 냈구먼..', '언제가 되어야 자국 문화가 중요한지 아나?', '저 지역이 갖고 있는 문화적 가치가 얼마나 큰데..', '저 동네를 그대로 유지하면 앞으로 문화 콘텐츠가 무궁무진하

교남동의 현재 모습

게 나올 텐데..' '저런 장소는 다음 세대에게 아주 좋은 교육 장소인데... 하다못해 영화 세트장으로도 손색이 없는데..' 대체로 이런 식으로 불만을 마구 쏟아냈다.

아파트 올라가는 것을 보니 가관이었다. 하루가 다르게 죽죽 올라가더니 볼품없는 아파트촌이 되어버렸다. 경희궁 자이라나 파이라나 하는 브랜드였는데 아파트 외관이 어찌나 볼썽사나운지 미 개념이 보이지 않았다(시공회사에게는 미안한 소리이지만 나에게는 그렇게 보였다). 또 바로 앞에 있는 영천시장과도 어울리지 않았고 그 주위 환경과도 여러 모로 디자인이 충돌하고 있었다. 그래서 나는 저런 데에서 누가 살까 궁금해 했는데 웬걸 인기가 하늘을 찌른단다. 역세권이니 궁이 가깝다느니 교통이 편하다느니 하는 것 때문에 사람들이 몰린다는 것이었다.

이 지역은 이제 이것으로 끝났다. 나는 그런 얼치기 아파트 타운에는 아무 관심이 없으니 그 지역과는 교통할 일이 없다. 내가 이 지역에 대해 이렇게 다소 길게 말하는 이유는 익선동도 같은 운명에 있었는데 살아남은 게 너무나도 다행이고 고맙기 때문이다. 익선동도 재개발에 들어갔으면 그까짓 한옥 뭉개서 갖다 버리는 것보다 세상에 쉬운 일이 없을 것이다. 그리고 거기다 그 '뻰떼없는(?)' 아파트나 지었을 터인데 그 계획이 수포로 돌아갔으니 얼마나 다

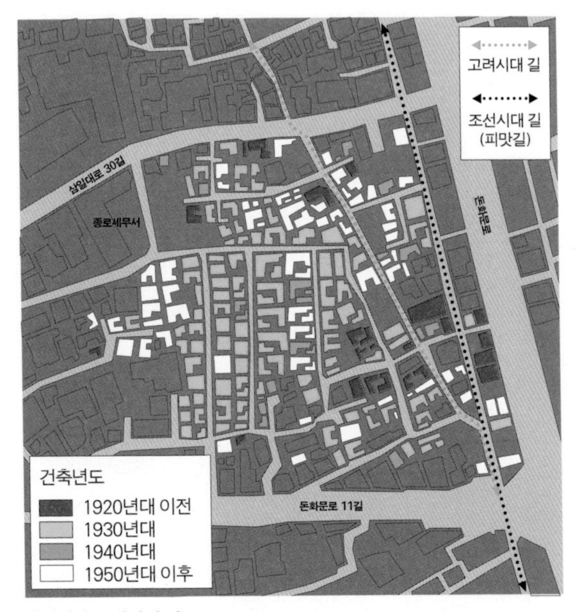
고려시대 길
조선시대 길
(피맛길)
삼일대로 30길
종로세무서
돈화문로
건축년도
1920년대 이전
1930년대
1940년대
1950년대 이후
돈화문로 11길

피맛길과 고려시대 길

행인지 모르겠다.

다시 익선동을 돌아와서, 그때에 나는 익선동의 한옥에만 관심이 있었고 그 주변의 여러 다양한 집에 대해서는 잘 알지 못했다. 그저 오진암이라는 요정이 있다는 것이나 10여 년 전에 대학 선배 따라 가보았던 게이바가 있다는 것 정도 외에는 이 지역에 대해서 지식이 없었다. 사실 익선동의 한옥은 북촌에 비해 그다지 다양하지 않다. 그리고 대부분 작은 것들이라 크게 주목을 끌지 못했다. 또 당시에는 주민들이 살고 있어서 한옥 안으로 들어가 보는 것도 쉽지 않았다. 그때 익선동과 관련해 재미있는 사실을 알게 되었는데 익선동 안에 고려시대에 만들어진 길로 추정되는 길이 있다는 것이 그것이다. 『오래된 서울』(최종현 외 저)이라는 책에서 알게 된 정보인데 나중에 본론에서 다루겠지만 고기집 많은 데에 있는 길이다. 한 쪽은 조선시대 피맛길이었고 한 쪽은 고려시대 길이었다고 해 그 고기집 앞에서 학생들과 신기하게 보던 기억이 아직도 난다.

두 번째 익선동 공부는 거기까지였다. 그렇게 겉에서 보는 것으로 마쳐야 했다. 따라서 그때까지도 이 동네 안에 엄청난 게 있다는 것을 여전히 눈치 채지 못하고 있었다. 그러나 무언가 낌새는 이상하다고 느끼고 있었다. 이 동네에 대해서 새롭게 들어오는 정보가 심상치 않았기 때문이다. 더 이상 지체할 수 없다는 결심이 서자 대학원 과목을 하나 개설했다. 서울의 문화나 유적을 현장 답사하는 과목이었는데 앞에서 말한 것처럼 많은 지역을 보려고 했는데 그 학기에 익선동과 북촌만 조사하는 것으로 끝이 났다. 두 지역만 보는 데도 한 학기가 다 소요되었던 것이다. 그만큼 조사할 게 많았다.

익선동을 어슬렁거리다
본격적으로 그 안으로 들어가기

이제 익선동과 만나는 세 번째 단계를 맞이하게 되는데 이것은 이 동네의 속 모습이 보이기 시작한 이후의 단계를 말한다. 이렇게 세미나를 하면서 학생들과 같이 조사한 것을 바탕으로 샅샅이 뒤져보니 이 동네가 얼마나 재미있는 곳인지 절감할 수 있었다. 우리는 당시 일단 교실에서 자료를 가지고 같이 공부한 다음 익선동으로 답사를 갔는데 답사를 갈 때 마다 그 지역에 대해 새로운 사실을 알게 되어 신기했던 기억이 아직도 남아 있다.

익선동은 서울에서 가장 특이한 동네? 사실 익선동은 그리

넓은 지역이 아니라 한 바퀴 돌아보는 데에 시간이 별로 걸리지 않는다. 그래서 처음 이곳에 왔을 때 돌아보면서 나는 이 지역이 한옥을 빼면 뭐 대단한 게 있겠나 하는 생각을 했다. 그러나 그게 착오였다는 것을 아는 데에는 그리 오랜 시간이 걸리지 않았다. 익선동을 가보면 금세 아는 사실이지만 이곳에는 골목길이 많고 그 길에는 다양한 종류의 가게들이 있다. 처음에는 이런 가게들, 가령 한복집이나 점집들을 지나치기만 했다. 또 이상하게도 모텔이 많은데 여기에 대해서도 별 의문을 갖지 않았다. 그런데 이런 집들이 있게 된 배경을 알게 되면서 이 동네가 지

익선동 골목길

닌 이면의 역사를 하나둘 알게 되었다. 그 역사들은 한국의 현대사와 관련이 있었고 우리의 삶과도 연결되어 있었다. 따라서 이 동네를 공부해보니 내 과거를 보는 것 같은 느낌이 있어 더 살갗에 와 닿았다.

내 생각에 이 동네는 서울에서 가장 특이한 동네라고 해야 할 것 같다. 그 특이함은 설명하는 것 자체가 힘들다. 굳이 표현한다면 전혀 어울리지 않을 것 같은 것들이 섞여 '잡탕'을 만들고 있는 동네라고나 할까. 우선 도무지 도심지라는 그 동네의 지역성과는 어울리지 않는 것들이 많다. 예를 들어 이곳이 이렇게 핫한 시내 한 복판이라는 사실과는 어울리지 않게 아주 저렴한 식당과 이발소가 많이 있는 것부터가 그렇다. 나중에 다시 보겠지만 이 지역에는 국밥을 2천원에 파는 식당("소문난 집")이 있다. 그러니까 천 원짜리 2장이면 한 끼를 해결하는 것이다. 물론 그것만 먹어서는 배는 조금 고프지만 어떻든 밥과 국을 먹을 수 있다. 나도 이 집에서 먹어봤는데 양이 좀 적어서 그렇지 맛은 꽤 괜찮았다. 요즘 같은 대명 천지에 서울에서 2천 원에 한 끼를 때울 수 있는 식당이 어디 있겠는가?

소문난 집

소문난 집의 2천원 국밥

익선동의 안과 밖(2017년)

익선동 주변을 어슬렁거리며

마당

익선동의 안과 밖(2017년)

형제한복
02-743-5219
마당플라워카페

그런가 하면 이곳에서는 남자들이 이발 한 번 하는 데에 3천 5백 원만 내면 된다. 염색도 5천 원이면 가능하단다. 내가 이 동네에 있는 이발소에서 머리를 직접 깎아 보고 평을 하면 좋으련만 아쉽게도 이발은 해보지 못했다. 이 동네에 있는 유명한 식당은 대부분 가서 먹어봤지만 이발소는 경험하지 못한 것이다. 밥이야 하루에 3번 먹는 거라 가서 먹을 기회가 많지만 이발은 거의 2달에 한 번 정도 하니 시간을 맞추어 그곳에 있는 이발소에 가서 체험하는 일이 쉽지 않았던 것이다. 서울에서 이보다 더 싸게 이발을 할 수 있는 곳은 아마 없을 것이다. 나는 이발을 할 때 집 근처에 있는 아주 허름한 이발소에서 8천 원을 주고 머리를 깎는데 이것도 아주 싼 가격이다(이 가격에 면도도 해준다). 그런데 이 가격의 1/2도 안 되는 가격으로 머리를 깎을 수 있다니 이 가격이 얼마나 싼지 알 수 있지 않을까. 그렇게 싸게 받아도 장사가 되는지 의심스럽기만 한데 과문한 탓인지 몰라도 그 이발소들이 문을 닫았다는 소리는 아직 듣지 못했다.

드디어 속살을 드러내는 익선동 그 지역에 많이 밀집되어 있는 모텔도 그렇다. 처음에는 그저 다른 모텔들과 다르지 않을 거라 생각했다. 그 지역에는 식당과 술집이 많다. 그곳에서 남녀가 술 먹다 자연스럽게 모텔을 갈 터이니 그 수요에 맞추느라 모텔이 많은 것이겠지라고만 생각했다. 그런데 이 생각이 한 현지인을 만나면서 잘못된 것임을 곧 알 수 있었다. 학생들과 오진암 자리 근처에 있는 중국음식점을 지나는데 간판에 사진에서 보는 것처럼 '24시간 영업'이라고 쓰여 있는 게 보였다. 나는 순간 '아니 중국집이 왜 24시간 영업을 해? 그럴 필요가 없을 텐데..'하는 생각이 들었다.

그러고 보니 식당 건물 앞에는 상당히 많은 배달용 철가방이 있었고 배달 오토바이도 5대 이상 되는 것 같았다. 또 주방을 들여다 보니 요리사가 네댓 명은 되는 것 같았다. '이거 예사로운 중국집이 아닌데..' 하는 생각과 함께 나는 바로 학생들을 주방으로 투입시켰다. 이렇게 의문이 생기면 무조건 직접 물어보는 게 상책이기 때문에 학생들을 보낸 것이다. 이런 경우 나는 내가 직접 나서지 않는다. 나 같은 중년 남자가 다가가면 사람들이 경계하기 때문이다. 그에 비해 우리 학생들이 가면 앳되고 예쁘니 대부분의 경우 대답을 잘해준다.

그랬더니 그 음식점의 지배인이라는 사람이 친히 밖으로 나와 설명을 하기 시작했다. 그런 걸 물어보는 사람도 없었을 게고 또 상대가 앳된 여학생들이라 기사도가 발휘된 모양이었다. 그의 설명을 들어보니 일본식 표현대로 눈에서 비늘이 떨어지는 것 같았다. 24시간 배달을 해야 하

24시간 영업하는 중국집 간판

는 이유는 이 지역에 있는 게이바와 모텔에서 시도 때도 주문을 해 배달을 가야 하기 때문이라는 것이었다. 그래서 '아니 그렇게 게이바가 많은가' 라고 물으니 그 사람 말이 200개나 된다고 해 그만 깜짝 놀라고 말았다(그런데 나중에 조사해보니 이것은 과장된 숫자였다). 그러면서 전 세계에 게이바가 이렇게 많은 데는 여기밖에 없을 거라고 열변을 토했다. 나는 그제야 아무 직종 표시도 없이 간판만 붙어 있는 정체불명의 집들이 게이바라는 것을 알게 되었다. 게이바는 본문에서 다루니 더 이상 이야기 안 할 테지만 그 뒤로 익선동을 가면 그동안 전혀 모르고 있었던 게이바들이 계속해서 속속들이 눈에 띠어 동네가 다르게 보였다. 조금

씩 익선동의 속살이 보이기 시작한 것이다. 익선동의 민낯이 더 가깝게 온 것이다.

이렇게 익선동 안으로 깊숙이 들어가기 시작한 나는 드디어 익선동의 가장 안에 있는 속살을 보게 된다. 소위 '쪽방촌'이라고 불리는 곳이 그것이다. 이곳은 행정적으로는 돈의동이지만 익선동으로 통칭하기로 한다. 익선동과는 길 하나를 사이에 두고 있어 같은 동네라고 보아도 그리 틀리지 않는다. 이곳은 교묘하게 골목 안에 들어가 있어 큰 길에서는 전혀 보이지 않는다. 아는 사람이 아니면 결코 찾을 수 없는 곳인 것이다. 나도 그동안 이곳을 전혀 몰랐는데 학생들이 수업 시간에 발표하는 통에 알게 되었다. 사진처럼 아주 좁은 골목길에 작은 건물들이 빼곡하게 들어차 있고 이 건물 안에는 1평 남짓한 방들이 가득 차 있었다. 이곳에 대해서도 본문에서 볼 테지만 나는 학생들과 세미나를 한 바로 다음 주에 학생들과 이곳에 답사를 나왔다. 그 골목에 들어서는 순간 나는 이 도심 한복판에 이런 곳이 있나 하면서 아연실색할 수밖에 없었다. 정말로 1평 정도의 아주 작은 방에 노인들이 살고 있었다. TV로만 보던 독거노인들 같았다. 세상에 내가 이 근처를 그렇게 다녔어도 골목 안에 이런 동네가 있다는 것을 몰랐다니... 또 다른 충격이었다. 그것도 엄청난 충격이었다.

CCTV
녹화중

현대천막
924-3914
SG

쪽방촌의 내부 모습

도대체 이 익선동은 어떤 데이기에 이렇게 다양한 모습이 있는 것일까? 넓지도 않은 지역에 웬 이야기들이 이렇게 많이 있는 것인가 하는 질문을 수도 없이 되뇌곤 했다. 이 이외에도 언급할 사항이 많다. 왜 한복집이 많은지, 혹은 왜 점집이 많은지 등등에 대한 것인데 그것을 지금 다 말하고 나면 본문에서 쓸 게 없으니 서론은 이 정도로 그쳐야 되겠다. 이제 이러한 익선동을 정식으로 보려 하는데

골목길로 들어가기 전에 우선 이 지역의 역사에 대해서 보아야 하지 않을까 싶다. 역사적으로 훑는 것은 지루한 일이라 피하고 싶지만 그럴 수는 없는 일이니 간략하게만 보기로 하자. 그럼 이제 익선동에 대한 본격적인 답사에 나서자.

최준식 교수의

서울문화지

I

익선동 이야기

본론

익선동 개요

우리는 이제 익선동(益善洞)의 골목으로 들어갈 터인데 그에 앞서 그 대강의 역사나 형성 과정을 보았으면 한다. 이에 대한 것은 대체로 3~4 부분 정도로 나누어서 제시될 것이다. 오늘날 익선동에 한옥이 많은 것은 앞에서 본 것처럼 정세권이 개발한 결과이다. 따라서 익선동의 역사를 말할 때 그의 존재는 자못 크다. 그런 관점에서 익선동의 역사를 일단 정세권 이전과 그 이후로 나누어 보는 것이 좋겠다. 이 정세권을 중심으로 한 역사는 대체로 일제식민기에 해당된다. 식민기가 끝나고 이 일대는 다시 큰 변화를 겪게 된다. 해방 뒤에 한옥 마을 바로 근처까지 거대한 규모의 윤락가가 생겼다가 없어지는 등 이곳의 변화가 심상치 않았다.

또 한 번의 변화는 2000년대에 들어오면서 생겨난다. 재개발을 둘러싸고 많은 갈등을 겪다가 앞에서 본 것처럼 고층 아파트를 짓는 등의 개발 계획이 취소되고 익선동이 한옥보존지역으로 남게 되는 것이 그것이다. 그러나 그렇다고 해서 난제가 풀린 것은 아니고 익선동에는 여전히 많은 문제가 산적되어 있다. 이것은 뒤에서 자세하게 보기로 하는데 어떻든 현재 우리가 보는 익선동의 모습은 이런 과정을 통해 생겨났다. 이제 익선동의 역사를 탐구하기 위해 떠나는데 먼저 볼 것은 정세권이 개발하기 전의 익선동 모습이다.

정세권 이전의 익선동

익선동 이름의 배경 - 이곳에는 원래 누동궁이라는 궁이 있었다. 익선동이라는 이름이 생겨난 배경은 잘 알려져 있다. 우리가 상세하게 보려고 하는 이 지역은 조금 정확하게 말하면 익선동 166번지라고 할 수 있는데 이곳에는 원래 누동궁(樓洞宮)이라는 궁이 있었다(평수는 약 2,500평). 이 건물이 궁으로 불린 것은 여기에 철종의 형이 살았기 때문이다. 그런데 이 누동궁의 익랑(대문 좌우에 있는 행랑)이 특이하게 생겨 사람들이 이 지역을 '익랑골'이나 '익량동', 혹은 줄여서 '익동'으로 불렀다고 한다. 익랑이 어떻게 특이한지는 확실히 모르지만 궁에 있는 것처럼 장대하게 지었다고 한다.[3] 이 건물에 있던 행랑은 일반 사대부 집의 행랑보다 커서 사람들에게 강한 인상을 주었던 모양이다. 왕의 형이 살았던 집이니까 규모가 꽤 컸을 것으로 추측된다. 익선동이라는 이름은 일제기에 이 건물의 이름을 딴 지역 이름인 '익동'에다 '선'이라는 글자를 하나 더 넣으면서 확

누동궁 자리(주황색 부분, 익선동 166)

3) 여선영(2014), "서울 종로구 익선동(益善洞)의 독립운동사에 대한 연구", 『박물관학보』 27권 pp. 114~145.

정된다. 왜 선 자를 넣었을까? 이곳이 조선조 때 (한성부 중부) 정선방의 관할이어서 이 정선방의 선 자를 가져다 넣은 것이다.

이곳은 조선의 25대 왕인 철종이 태어나고 자랐던 곳으로 알려져 있다(당시 이름은 한성부 중부 경행방). 그가 태어난 해는 1831년이고 강화도로 피신한 것은 그의 나이 14세 때의 일이었다. 강화도에서 19세까지 보낸 그는 누구나 아는 것처럼 그 나이에 왕으로 추대된다. 우리는 이 철종에 대해 잘못된 상식을 갖고 있다. 나도 그런 사람 중의 하나였다. 그 그릇된 상식 중에 대표적인 것은 철종은 한문도 모르는 무식쟁이라는 것이다. 그 근거로 사람들은 철종이 강화도령이라고 불리는 데에서 알 수 있듯이 그가 강화도에만 살아 무식할 것이라는 것을 든다. 그런데 그가 강화도에서 산 것은 14세부터 5년간뿐이다. 그리고 14살까지는 한양에서 살았으니 그는 왕족으로서 한문 교육을 제대로 받았을 것이다. 따라서 그가 한문을 모른다는 것은 말이 되지 않는다. 실제로 그가 남긴 한문 글씨는 일정한 수준에 달한다고 평가받고 있다.

어떻든 철종은 왕이 된 후 자기가 출생하고 유년 시절을 보낸 이 집터에 아버지인 전계대원군 이광의 사당을 짓고 그곳에 형인 영평군 이경응이 살 수 있는 집을 지어주어

철종 어진(불에 타 반 정도만 남았다. 국립고궁박물관 소장)

아버지의 제사를 모시게 했다고 한다. 이 누동궁의 규모가 상당했던 것은 임금인 철종이 살았던 곳이라는 것도 그 이유에 포함될 것이다. 그런데 다른 기록에 따르면 전계대원군의 사당을 처음부터 여기에 둔 것은 아니고 처음에는 다른 곳에 모셨다가 고종 6(1869)년에 이 사당을 영평군의 집으로 옮겼다고 하는데 처음에 모신 곳은 어디인지 잘 모르겠다.

이런 역사적인 사안들은 사실에 입각해 써야 하지만 어떤 설이 맞든 그리 중요한 게 아니다. 우리가 현재의 익선동을 이해하는 데에 아무런 영향을 주지 않기 때문이다. 그런데 간혹 비난하기 좋아하는 사람들이 나 같은 필자가 틀린 정보를 쓰면 그것을 마구 힐난하면서 전체 내용을 부정하려 드는 경우가 있다. 나는 가끔 그런 경우를 겪는데 그럴 때에는 아주 난감하다. 여기서 중요한 것은 이곳에 누동궁이 있었다는 사실일 뿐이고 다른 것은 부차적인 것에 불과하다.

일제기의 누동궁 이 누동궁 터는 후에 정세권이 세운 건양사라는 회사에 팔려 이곳에 한옥이 들어서게 되니 중요한 사안이 아닐 수 없다. 이 누동궁에는 영평군의 자손들이 계속해서 살았는데 특기할 만한 것은 일제기가 되었어도 국유(일본)로 환수되지 않고 후손들이 계속해서 소유하고 있었다는 것이다. 우리는 이곳에 마지막으로 살았다는 이해승(1890~1958)이라는 인물에 대해서 잠시 볼 필요가 있다. 이해승은 영평군의 4대손인데 정세권은 바로 이 사람으로부터 이 누동궁의 대지를 구입하게 된다. 그래서 우리가 이 사람을 조금은 주목해야 하는데 그는 대표적인 친일 인사로 분류될 뿐만 아니라 그의 흔적이 우리 주위에 아직도 남아 있어 한 번 살펴볼 필요가 있다.

이해승은 조선사를 통틀어 4명밖에 없었다는 대원군(임금의 아버지 칭호)[4]의 사손(嗣孫)이었기 때문에 특별한 대우를 받았던 모양이다. 대원군이라고 하면 우리가 잘 알고 있는 고종의 아버지인 흥선대원군 때문에 대원군이라는 호칭을 받은 왕족이 많을 거라 생각할 수 있는데 현실은 그렇지 않다. 조선 전체에 걸쳐 4명밖에 없었다고 하니 말이다. 그런데 생전에 이 작위를 받은 사람은 흥선대원군밖에 없다고 한다. 어떻든 그런 인물의 직계 후손이었기에 이해승은 12세 때인가 벌써 관직에 올라 일제기 직전에는 벼슬이 종2품까지 다다랐다고 한다.

이런 사람은 변신도 빨라 일제 강점 직후(1910년 10월)에

4) 덕흥대원군(선조의 아버지), 정원대원군(인조의 아버지), 전계대원군, 흥선대원군이 그들이다.

는 '조선귀족령'에 따라 조선 귀족으로서 후작의 작위를 받게 되는데 이는 당시에 조선인이 받은 작위 중 가장 높은 것이라고 한다. 또 돈도 16만 8천 원이라는 거금을 받았다고 하니 이 사람의 처신을 알만 하겠다. 그런 그였기에 그가 살고 있던 누동궁을 일제에 빼앗기지 않고 계속해서 소유할 수 있었던 모양이다. 일제 때 친일을 한 왕(황)족들의 명단을 보면 그 수가 많아 어안이 벙벙할 뿐이다. 그들은 조선에 대한 자긍심이 없었던 것인지 아니면 다른 이유가 있었는지 알 수 없지만 일제가 작위도 주고 돈과 집을 주면서 회유했더니 다들 일제 당국에 들러붙었다. 그래서 조선조의 왕족치고 독립운동을 한 사람을 보기가 힘들다.

이해승은 해방이 된 뒤 반민특위(반민족행위 특별조사위원회)에 친일분자로 기소되었지만 이 위원회가 와해되면서 풀려났다. 그러다 6.25 전쟁 때 납북돼 행방불명되어 언제 사망했는지 잘 모른다고 한다. 그런데 이게 전부가 아니다. 우리는 이 사람의 자손이 남긴 족적을 여전히 볼 수 있기 때문이다. 아는 사람은 알지만 홍은동에 있는 그랜드 힐튼 호텔이 이해승의 손자인 이우영에 의해 건설되었다는 사실은 이들과 우리의 인연이 끈질긴 것을 보여준다. 친일 집안의 자손인 이우영이 가문의 부동산을 국가에 빼앗기지 않고 끝내 지켰던(?) 복잡한 사정은 생략하겠다. 이 호텔이 있는 홍은동 선산은 원래 왕이 영평군(철종의 형)에게 내린 땅이었다고 한다. 일제기와 해방 뒤에 조선 왕족의 재산은 모두 국가에 귀속되었는데 이들의 재산은 대원군의 후손의 자산이라고 해 개인 재산으로 분류되어 국가가 손을 대지 못했다. 그래서 고종의 직계 후손들은 모든 재산을 빼앗겼던 반면 이우영 같은 사람은 끝까지 부를 지킨 것이다.

누동궁 주위에는 무엇이 있었을까? 어떻든 여기서 중요한 것은 1920년대 말에 이 지역이 이해승의 소유로부터 정세권의 손으로 들어왔다는 사실이다. 그런데 이 지역의 바로 옆에 주목을 요하는 건물이 있어 잠깐 보아야겠다. 행정구역으로는 낙원동인데 낙원상가에서 창덕궁 쪽으로 삼일대로 30길을 따라 조금 가다 보면 낙원동 58번지에서 종로세무소를 만나게 된다. 이곳은 바로 대빈궁(大嬪宮)이 있던 자리였다고 한다. 이때 궁은 사당을 의미하는데 여기에 모신 사람은 그 유명한 장희빈이다. 그의 아들인 경종이 이곳에 제 어머니 사당을 세운 것이다. 그러다 고종 때 경복궁 뒤에 있는 칠궁(혹은 육상궁)으로 옮기게 된다.

칠궁에 대해서도 할 말이 많지만 필자의 다른 책(『신서울기행』)에 자세히 적었으니 여기서는 생략하기로 한다. 이곳은 조선 시대 때 왕을 생산했으나 정실이 아닌 관계로 종묘에 배향되지 못한 7명의 여성들의 신위를 모신 곳이다. 이곳은 사당 자체보다 조선 왕실의 정원 양식을 간직하고 있어 주목을 받는 곳이다. 그래서 독자들에게 이곳 답사를 권하는데 문제는 이곳이 청와대(영빈관)에 딱 붙어 있는 관계로 아무 때나 들어갈 수 없다는 것이다. 일반에게는 공개되어 있지 않은 것이다. 그러나 방법이 있다. 청와대 관람을 신청하면 되는데 청와대를 다 관람하고 나면 마지막에 덤으로 이곳을 보여준다. 나는 이렇게 해서 공연히 그다지 보기 싫은 청와대를 2번이나 관람 차 갔다 왔다. 그런데 이곳도 그 옆으로 자동차 길을 내는 바람에 많이 훼손되었다(1968년 북한 공비들의 청와대 습격 사건 후에 자동차 길이 생겼다). 따라서 그 본래의 모습을 보려면 공부를 많이 하고 가야 한다.

이렇게 해서 비게 된 이 터에는 후에 여러 건물들이 들어서게 되는데 제일 먼저 설립된 게 1913년에 들어온 '경성측후소'이다.[5] 그러다 1930년대에 이 기관이 다른 곳으로 이전되면서 이곳에는 당시 경성시내 3대 요정 중 하나였다고 하는 천향원(天香園)이 설립되었다고 한다. 참고로

5) 한강 문화재 연구서(2009), "종로세무서 재건축부지 문화재 지표조사 보고서", p. 33.

정세권이 개발한 북촌 한옥단지

이 측후소는 이전을 거듭하다 1998년에 '기상청 서울관측소'라는 이름으로 대방동에 세워져 지금도 기상 관측하는 일을 하고 있다. 이 천향원은 언젠가 다른 곳으로 옮겨간 것 같고 이 땅은 1940년에 국유지로 편입되었다. 지금은 일부의 땅이 사유지가 되어 원불교 종로교당이 건설되었고, 국유지로 남은 58-8번지에는 1963년에 종로세무서 건물이 들어서게 된다.

익선동의 과거에 대해 알 수 있는 것은 이 정도이다. 이 과거가 중요하지 않은 것은 아니지만 이제부터 우리가 보게 될 정세권의 활동에 비하면 그 중요도가 많이 떨어진다. 정세권은 이런 익선동을 완전히 바꿔놓았기 때문이다. 이제 우리의 영웅인 정세권을 만나러 가자.

정세권 이후의 익선동

한국의 근세에서 정세권처럼 엄청난 영향을 끼친 사람도 많지 않을 터인데 그가 행사했던 영향력에 비해 정세권은 대중들에게 여전히 생경한 인물이다. 그가 남긴 족적은 여러 분야에 걸쳐 있지만 다른 것 차치하고 건축가로서 그가 어떤 사람이었는가에 대해서만 보자. 지금 서울에 남아 있는 한옥(도시형 한옥)은 거의 대부분 정세권이 지은 것이라고 해도 과언이 아니다. 우리가 지금 살펴보려고 하는 익선동을 비롯해 북촌, 서촌, 창신동, 왕십리, 충정로, 휘경동 등지에 남아 있는 한옥은 모두 그가 지었기 때문이다.

이렇게 보면 만일 그가 이런 한옥 건설 사업을 하지 않았다면 서울에는 한옥이 씨가 말랐을지도 모를 지경이다. 이처럼 한옥의 건설만 가지고 보면 그의 영향력은 절대적이라 할 수 있다. 그런데 그에 대한 관심은 극히 최근에 와서 소수의 학자들이 갖기 시작했을 뿐 일반인들은 그의 이름조차 들어보지 못했다. 나도 앞에서 말한 것처럼 10년 전쯤에 서울 유적 관련 책을 냈을 때에도 정세권에 대한 정보는 감감했다. 그때 북촌을 소개하면서 나는 정세권을 전혀 언급하지 않았는데 그것은 한 마디로 언어도단이라고 할 수 있다. 그렇지 않은가? 북촌을 설명하면서 그 지역을 만들어낸 사람인 정세권에 대해 거론하지 않았으니 이건 숫제 말이 안 되는 것이다. 그처럼 그는 우리에게 알려지지 않은 존재였다.

한국 최초의 디벨로퍼, 정세권(1888~1965) - 그는 누구인가

내가 그의 존재를 알기 시작한 것은 김경민 교수 같은 분의 연구[6]를 접하면서부터였다. 그 뒤로 조금씩 정세권에 대해 알아보았는데 아직 연구가 광범위하게 된 것은 아니라 확실하게 말할 수는 없지만 그는 이렇게 묻힐 인물이 아니다. 그러면 그는 왜 이렇게 세간에 알려지지 않았을까? 여기에는 여러 이유가 있겠지만 가장 큰 이유는 그를 제대로 알아보지도 않고 집장사꾼으로 매도했기 때문이 아닐까 한다. 그는 분명 집을 만들어 파는 장사를 했다. 그런 의미에서 그를 집장사 혹은 장사꾼이라 부른다고 틀릴 것은 없다. 이것을 요새 말로 하면 '부동산 개발업자'가 될 것이고 유식하게 영어로 하면 '디벨로퍼(developer)'라 할 수 있다. 그런데 그는 그냥 디벨로퍼가 아니라 한국 최초의 디벨로퍼이었다.

6) 김경민 외(2013), 『리씽킹 서울』, 서해문집.
(2017), 『건축왕, 경성을 만들다』, 이마.
두 번째 책은 아마 정세권을 학술적으로 다룬 첫 번째 책일 것이다. 지은이 김경민 교수는 인터넷 신문에 연재했던 것을 모아 이 책을 출간했는데 정세권 연구에 있어서 앞으로 이 책은 선구자 역할을 할 것이다.

1956년(단기 4289년) 십일회 기념 사진(앞줄 왼쪽에서 두 번째가 정세권 선생)
- 한글학회 제공

익선동 한옥마을과 정세권
1920년 우리나라 부동산 개발업자 '정세권'에 의해 개발된 익선동 한옥마을은 북촌보다 앞서 지은 도시형 한옥 주거 단지입니다. 전통적인 한옥의 특성을 살리고 생활공간을 편리하게 재구성한 서민들을 위한 주택단지였으며 100여년 된 서울에서 가장 오래된 한옥마을입니다. 현재 익선동의 110채 목조 전통 한옥은 콘크리트 건물에 둘러싸여 '과거의 섬'을 이루고 있습니다.
HISTORY OF IKSEON-DONG & JUNG SEGWON
Ikseon-dong Hanok Village was established in 1920 by SeGwon Jeong, Korea's real estate developer, even before the establishment of Bukchon Hanok Village. It's a collective housing area that was created to match the people's needs in a transitional phase, not only emphasizing the traits of a Hanok, a Korean traditional house, but also reconstructing the living space to be more efficient.
* 주민들이 살고 있습니다
PLEASE
NO TRASH
NO
DESIGN BY

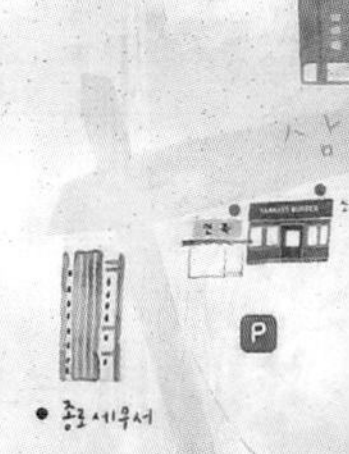

SAMILDAE-RO 30 GIL
30길
DRINK
RESTAURANT
SHOP
GUEST HOUSE
STUDIO
DONHWAMUN-RO
JONGNO 3 GA

1936년 표준말 사정 제1독회를 마치고 나서 현충사를 참배한 위원들(맨 앞줄 왼쪽 첫 번째가 정세권 선생) - 한글학회 제공

그는 1920년에 '건양사(建陽社)'라는 부동산 개발 회사를 만들었다. 그리곤 회사를 통해 큰 대지를 사들여 그것을 분할한 다음 그 땅에 작은 한옥들을 지어 사람들에게 분양했다. 그렇게 해서 만들어진 것이 한옥 집단 지구인데 북촌이나 익선동의 한옥 마을은 이렇게 해서 만들어진 것이다. 이러한 그의 작업은 요즘의 건설 회사들이 아파트를 지어 분양하는 것과 그리 다르지 않게 보인다. 그래서 사람들이 그를 집장사꾼이라고 불렀던 것이다. 그가 제대로 평가받지 못했던 것은 이런 세속적인 이름 때문이었을 것

1965년 십일회 총회 기념 사진(앞줄 맨 오른쪽이 정세권 선생) - 한글학회 제공

이다. 그러나 그의 업적을 꼼꼼히 살펴보면 요즈음에 아파트를 만들어 파는 '장사꾼'들하고는 비교할 수 없는 사람임을 알 수 있다. 그는 달아빠진 장사꾼이 아니었기 때문이다. 아니 그저 장사꾼이 아니라는 것이 아니라 그는 당시에 조선 사람들의 삶과 복지를 향상시키고 산업이나 문화가 발전할 수 있도록 적극적인 역할을 한 조선 최고의 인물이었다고 할 수 있다.

이것은 그의 다른 이력을 보면 알 수 있다. 한옥을 지어 판 것 외에도 그는 엄청나게 다양한 일을 했다. 이 다양한

1949년 조선어학회 수난 동지회(그 해 10월 1일에 '십일회'란 이름으로 동지 모임을 결성함)기념사진(앞줄 왼쪽에서 두 번째가 정세권 선생) - 한글학회 제공

일이라는 게 그저 그런 일이 아니라 하나 같이 조선의 문화와 산업의 발전을 위한 일이었다. 알려진 바에 따르면 그는 신간회나 조선물산장려회와 조선어학회를 재정적으로 후원했다고 한다. 뒤에서도 보게 되겠지만 조선물산장려회가 경제적인 문제를 겪자 그는 자신이 지은 건물을 내주어 사무실과 회의실을 쓰게 했다. 사실 이 건물은 장려회의 부탁으로 정세권이 지은 것인데 장려회가 공사비를 지불하지 못하자 그냥 그 건물을 쓰게 한 것이다. 이 점에 대해서는 뒤에서 이 건물 자리에 갔을 때 다시 언급하게 되니 그때 보기로 하자.

그런가 하면 조선어학회에 대해서는 북촌 화동에 아예 2층 양옥을 지어서 주기도 했다. 이 터는 윤보선 고택 앞에 있는데 지금도 표지석이 있어 찾기 쉽다. 또 어학회에서 국어사전을 만들 때에도 많은 재정적 후원을 하는 등 이처럼 그는 한국인들의 교육이나 문화 증진, 생활 개선을 위해 혁혁한 공을 세운 것이 인정받아 해방 후에 독립유공자로 지정되었다.[7)] 이런 그를 일제가 가만 놔둘 리가 없었다. 일제기 말에는 유명한 조선어학회 사건에 연루되어 체포되어 고문 등으로 모진 고생을 당했을 뿐만 아니라 일제에게 많은 재산을 빼앗기는 바람에 가세나 사세가 기울어졌다고 한다.

나는 이런 정세권을 발견하고 일제기에 이런 분이 있었는데 어째서 우리는 그를 잘 모르고 있었을까 하는 생각을 지울 수가 없었다. 이 분은 당시 조선 사람들을 위해 하지 않은 일이 없을 정도로 전 방위적으로 조선을 위해 자신을 불사른 분이다. 이런 일을 할 때 가장 필요한 것은 재정적인 것이다. 이념이 아무리 좋아도 돈이 따르지 않으면 아무 일도 할 수 없기 때문이다. 따라서 물산장려회나 조선어학회에 사무실을 제공하고 현금을 투여한 것은 그 공을 아무리 칭송을 해도 부족할 것이다. 뒤에서 자세하게 보겠

7) 이경아(2016), "정세권의 중당식 주택실험", 『대한건축학회 논문집』 32권 2호, pp. 171-180.

지만 장려회의 경우 우리는 학교 역사 시간에 이 운동이 대단한 것이라고 배웠다. 그러나 실제를 살펴보면 정세권이 적극적으로 개입했을 때에만 이 운동이 활발하게 전개되었지 그가 재정에서 손을 떼자 곧 그 세가 사그라졌다는 것을 잊어서는 안 된다.

또 그가 집장사를 해서 돈을 많이 벌었다고 하는데 그것 역시 요즘의 건설업자들과는 차원이 다르다. 그는 돈을 위해 돈을 번 사람이 아니었다. 다시 말해 자신의 호의호식을 위해 돈을 번 것이 아니라는 것이다. 그가 건설 산업을 일으킨 이유는 당시 조선 사람들에게 비교적 저렴한 집을 제공하고 또 시대에 맞는 집을 지어 주어 그들의 생활을 개선시켜주려는 의도가 컸다. 그런데 그는 워낙 사업에 대한 감각이 뛰어나 자연스럽게 돈을 벌게 된 것이지 처음부터 돈을 목적으로 사업을 시작한 게 아니었다. 그는 이처럼 매우 드높은 가치관과 뛰어난 건축 철학을 갖고 있었는데 그 점은 곧 보게 될 것이다.

정세권은 왜 한옥 단지를 만들었을까? 1888년 경남 고성에서 태어난 정세권은 1919년 서울 계동으로 이주하게 된다. 그가 서울에 오기까지의 이야기는 그다지 중요한 것이 아니니 여기서는 생략하기로 한다. 서울에 온 정세권은 앞에서 말한 것처럼 곧 1920년에 건양사를 설립하고 한옥을 만들어 파는 일에 착수한다. 그렇게 10여 년 동안 일을 하다가 1930년경부터 우리가 이번 책에서 보게 되는 익선동과 북촌, 그리고 서촌 지역에 한옥단지를 만들기 시작해 봉익동, 성북동, 혜화동, 창신동, 신설동, 서대문(충정로 일대), 왕십리 일대, 휘경동 등 서울 전 지역에 한옥단지를 만들어 나갔다. 그래서 그에게 '건축왕'이라는 칭호가 붙은 모양인데 이렇게 서울 전역에 걸쳐 주택을 만드는 일은 전무후무한 일일 것이다. 그의 작업으로 인해 서울은 지도가 바뀔 판이었으니 그가 행한 업적이 얼마나 장대한 것인지 알 수 있지 않을까?

그는 왜 이런 대대적인 한옥 건축 사업을 시작했을까? 여기에는 그의 남다른 애국심이 작용했다. 연구된 바에 따르면 1920년에 일제가 회사령을 철폐하면서 일본 자본이 조선으로 많이 유입되기 시작했다고 한다. 그 전에는 조선에 회사를 세우는 일이 까다로웠는데 회사령 철폐로 쉬워진 것이다. 그 결과 명동이나 용산, 남촌 등지에 살던 일본인들이 종로 쪽으로 이주해 그곳에서 상업을 하고 있던 조선 사람들을 위협하는 지경에 이르렀다고 한다. 그렇게 되면서 일본인들은 자신들이 살 주택이 부족해졌고 그것을 해결하고자 북촌 쪽으로 진출하게 된다.

주택 부족은 조선 사람들에게도 마찬가지였다. 조선이 서서히 산업화되면서 많은 사람들이 농촌에서 서울로 몰려들었는데 이들에게도 집이 절대적으로 부족했다. 이런 현실을 직시한 조선 사람들은 이 상황을 타개하고자 도시형 소규모 한옥 개발에 박차를 가하게 된다. 이 사업에 뛰어든 사람으로 정세권만 있었던 것은 아니고 다른 개발업자도 있었다. 이들도 정세권처럼 회사를 만들어 부동산 개발 사업에 뛰어든 것이다. 이들은 당시에 일제가 만든 규제 즉, 조선인 업자들은 관 주도로 대규모로 진행되는 토목공사에 입찰을 할 수 없게 만든 규제 때문에 소규모 건설 사업만 할 수 있었다고 한다. 정세권이 큰 집을 사서 그것을 소규모 필지로 분할해 작은 집을 지어 팔았던 것도 이런 규제에 기인한 것이다.[8)]

그런 사람들 가운데에서도 정세권은 애국심이 투철했던 모양이다. 이것은 그의 장녀가 한 증언을 들어보면 알 수 있다. 그녀에 따르면 아버지는 항상 '사람 수가 힘이니 일본인들이 종로에 발붙이지 못하게 해야 한다'고 했다고 한다.[9)]

8) 구경하, 김경민(2014), "1920년대 근대적 디벨로퍼의 등장과 그 배경", 『한국경제지리학회지』 17권 4호, pp. 675-687.

9) 김경민, "일본인이 종로에 발을 못 붙이게 하라" (프레시안, 2015년 9월 2일 자)

만일 이때 정세권이 북촌 지역에 한옥집단지구를 만들지 않았다면 이곳은 어떻게 되었을까? 지금 이 지역은 전국에서 가장 한옥이 많이 모여 있는 지역이 되어 한국인은 물론 외국인들에게 좋은 관광 거리를 제공하고 있다.

이때 정세권이 여기에 한옥 마을을 만들지 않았다면 아마도 일본인들이 들어와 그들의 집을 짓고 살았을 것이다. 그런 집은 지금도 북촌에 간간히 보이는데 만일 그런 일이 벌어졌다면 그 다음은 어떻게 되었을까? 그들의 집은 보통 '적산가옥'이라는 이름으로 불리는데 정세권이 북촌 개발을 하지 않았다면 이 지역은 적산가옥, 즉 일본인들의 집으로 뒤덮였을 것이다. 그러면 해방 후에는 그 적산가옥들이 모두 헐리고 그곳에 서양식 집이 세워졌을 터이니 지금과 같은 장대한 북촌 한옥지구는 꿈도 꾸지 못했을 것이다.

만일 이 지역에 북촌 한옥 마을이 없었다면 우리는 지금 어떤 상황에 처하게 되었을까? 그나마 지금 양 궁(경복궁과 창덕궁) 사이에 한옥 마을이 있어 도시의 품격을 높여주고 600년 고도(古都)의 흔적을 보여주고 있는데 여기에 이 한옥들이 없었다면 600년이라는 역사가 무색할 것이다. 그런데 여기에 한옥 마을이 있어 600년 고도인 서울의 체면을 살려주고 있으니 이는 모두 정세권 선생의 덕이라 할 수 있다. 사정이 이러하니 그의 공이 얼마나 큰 지 알 수 있지 않을까?

정세권의 건축철학 이렇게 되어 정세권은 소규모 한옥으로 구성된 단지를 만들 계획을 세우는데 문제는 어떤 한옥을 짓느냐는 것이었다. 정세권은 이전 전통에 따라 한옥을 짓기도 했지만 획기적인 발상으로 요즘 말로 하면 퓨전 한옥을 구상해서 실현시킨다. 여기에 그의 참신하기 이를 데 없는 발상이 나오는데 그 발상을 통해 보면 그는 매우 확고한 건축철학을 가진 사람인 것을 알 수 있다. 아니 일정한 건축철학을 가졌다고 하기 이전에 매우 드높은 가치관을 가졌다고 할 수 있다. 다시 말해 건축업자로서 훌륭하다는 차원이 아니라 인간으로서 훌륭한 분이었다는 것이다.

그가 이런 가옥을 짓기 시작한 계기에 대해 1929년에 『경성편람』이라는 책에 기고한 "건축계에서 본 경성"이라는 글에서 이렇게 적고 있다. "내가 처음에 이 건축계에 착수한 동기는, 우리 조선의 가옥제도가 너무나 불위생적이오, 불경제적임을 발견한 때입니다."[10] 정세권이 보기에 기와집도 그렇지만 조선의 거개의 사람들이 살고 있던 초가집은 문제가 많았다. 그런 문제 많은 한옥을 고쳐 새로운 집을 짓되 중산층 이하의 서민들도 이 새로운 한옥을 통해 개량된 주거 환경에서 살아야 한다는 것이 정세권

10) 이경아(2016), "정세권의 중당식 주택실험", 『대한건축학회 논문집』 32권 2호, p. 172.

의 생각이었다. 이런 생각 아래 정세권은 서민들도 분양받을 수 있는 작은 한옥을 많이 만들었던 것이다. 그러니까 그가 한옥을 짓기 시작한 것은 돈을 벌려는 목적이 아니라 사람들, 특히 서민들이 좋은 주거 환경 속에 살게 하기 위한 것이었으니 그의 행동은 보살행이 아니고 무엇이겠는가?

그가 실로 훌륭한 인격자라는 것은 서민들에게 다음과 같은 배려를 한 것에서 명백하게 드러난다. 그가 집을 분양할 때 서민들에게서 돈을 연이나 월 단위로 받은 것이 그것이다. 당시 기와집은 아무리 규모가 작은 것이라 하더라도 결코 싼 집이 아니었을 것이다. 따라서 집값을 한 번에 낼 수 있는 사람은 많지 않았을 것이다. 그런 서민들을 위해 집값을 분할해서 연이나 월 단위로 내게 한 것이다. 이것은 장사하는 사람의 태도가 아니라 사회 복지 사업하는 사람의 자세이다. 지금도 수많은 건설회사가 있지만 집값을 이렇게 분할해 받는 회사는 없을 것이다. 그것은 자신들도 돈을 회전시켜야 하기 때문에 어쩔 수 없는 일일 것이다. 그런데 정세권의 목적은 돈이 많지 않은 서민들에게 분수에 맞으면서도 품격 있는 집을 갖게 하는 것이었지 돈을 악착같이 벌려는 것이 아니었기 때문에 이런 일을 할 수 있었을 것이다.

그는 이러한 생각을 고향인 고성에 있을 때부터 갖고 있었다고 한다. 그는 자신의 고향에 있는 초가집부터 기와집으로 바꾸려고 했는데 그 일은 성사시키지 못하고 서울로 오게 된다. 그리곤 앞에서 본 대로 서울에 건양사라는 건축 회사를 만들어 자신의 생각을 실현에 옮긴 것이다. 그는 서울에서 어떻게 전통 한옥을 퓨전 한옥으로 바꾸었을까? 그의 건축철학은 서민들이 소형 한옥에서 편하고 인간답게 살기 위한 최적의 구조를 만들어내는 것이 목적이었던것 같다. 그의 표현을 빌면 위생적이고 실용적이고 경제적인 집을 만들려고 한 것인데 그의 이러한 시도는 성공한 것으로 보인다. 왜냐하면 지금 현대 한국인들이 살고 있는 집의 구조가 이와 비슷하기 때문이다.

그가 구체적으로 한옥을 어떻게 고쳤는가는 곧 볼 터인데 이때 드는 의문은 건축을 전공하지도 않은 사람이 어떻게 이런 일을 할 수 있었느냐는 것이다. 그가 꾀한 변화는 주위로부터 전통을 너무 파괴했다는 비난을 받을 정도로 혁신적이었다. 그런데 이런 일은 자신이 건축을 전공했던지 아니면 직접 집을 짓는 목수 정도는 되어야 할 수 있는 일이지 건축에 조예가 깊지 않은 사람은 할 수 없다. 그런데 정세권은 이 두 부류에 속한 사람이 아닌데 어떻게 이런 개혁을 도모할 수 있었는지 알 수 없는 노릇이다.

지금의 입장에서 볼 때 추측할 수 있는 것은, 그가 건양사를 세운 것이 1920년 즈음이고 약 10년 동안 한옥을 지어 팔았으니 그동안 건축에 대해서 공부를 많이 했을 것이라는 것이다. 그리고 그 체험과 학식을 바탕으로 1929년부터 한옥단지 개발에 들어간 것 같은데 그가 어떻게 구체적으로 연구했는지 잘 알지 못한다. 이 점은 앞으로 이쪽 분야를 연구하는 학자들이 더 궁구하여 결과를 제시해주면 좋겠다. 개인적인 생각이지만 이런 일은 천재나 할 수 있는 일로 보이는데 정세권에 대한 연구가 얕으니 나는 이에 대해 판단을 보류해야겠다.

정세권은 어떻게 집을 고쳤을까? - 중정식에서 중당식으로 앞에서 말한 대로 정세권은 집을 지을 때 이전의 한옥 양식, 즉 마당을 가운데에 두는 '중정식(中庭式)'을 답습하기도 했지만 그와는 아주 다른 파격적인 한옥 양식을 제시했다. 그것은 마루(거실)를 가운데 두는 '중당식(中堂式)'으로 지금으로 치면 아파트 양식과 흡사하다고 하겠다. 원래 한옥은 우리가 잘 알고 익숙한 것처럼 대문을 열고 들어가면 앞마당이 나온다. 이 앞마당을 중심으로 방이나 마루가 배치된다. 그런데 그는 대지 가운데에 마당이 아니라 집을 놓은 것이다. 작은 공간에 주택의 모든 것을 집어넣다 보니 공간배치를 이렇게 한 것으로 보인다.

이에 대해서 나는 건축학 전공자들의 연구를 참조했는데 그들의 설명은 매우 복잡하고 너무 자세하다. 이런 식의 전문적인 설명은 일반 독자들에게는 가독성을 떨어뜨린다. 따라서 나는 그들의 설명을 대폭 줄여서 가장 핵심적인 것만 보도록 하겠다. 정세권이 제시한 개량 건축을 이해하려면 한국 전통 주택의 가장 기본적인 평면구성을 알아야 한다. 전통 주택의 가장 기본적인 요소는 아궁이가 있는 부엌과 그것에 붙어 있는 온돌방, 그리고 그 옆에 붙어 있는 마루와 다른 방, 이렇게 4요소라고 할 수 있다. 이것을 1열로 배치하면 '부엌-방-마루-방'이라는 최소형의 평면 구성이 나온다. 이것을 도표로 그리면 밑의 그림 중 왼쪽 것이 된다.

그런데 이렇게 1자로 놓으면 공간을 많이 잡아먹게 된

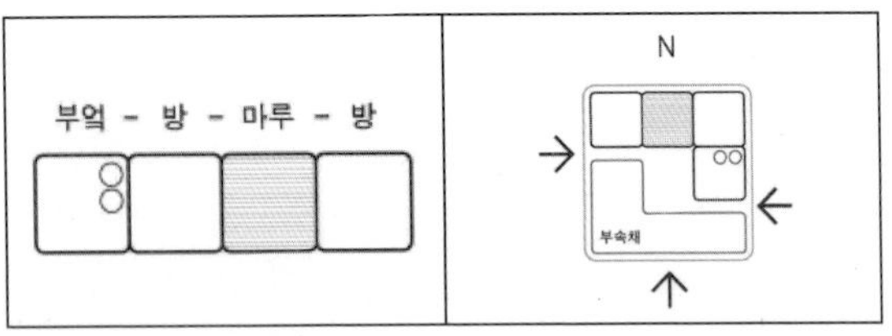

출처: 오우근 외(2013), p. 11.

다락방이 달린 중당식 건물(가운데에 위치한 똑같이 생긴 두 건물)

다. 따라서 필지가 좁은 도시의 서민용 주택에는 적합하지 않다. 정세권은 이것을 해결하고자 1자 형 안채를 두 번째 그림에서 보는 것처럼 ㄱ 자로 꺾었다.[11] 그렇다고 이것이 중당식 건축은 아니고 정세권이 제시한 중당식 건물은 이보다 조금 더 복잡한데 다음에 보이는 도면을 보면 그 특징을 잘 알 수 있다.[12] 그런데 이 도면을 보면 그 구조가 현재 우리가 살고 있는 아파트와 매우 흡사한 것을 알 수

11) 오우근 · 서현(2013). "도시형 한옥 주거지의 블록구획과 주거평면의 관계에 관한 연구: 익선동 166번지 사례를 중심으로", 『건축역사연구』 제22권 제3호. p. 11.

12) 이경아(2016), "정세권의 중당식 주택실험", 『대한건축학회 논문집』 32권 2호, p. 176.

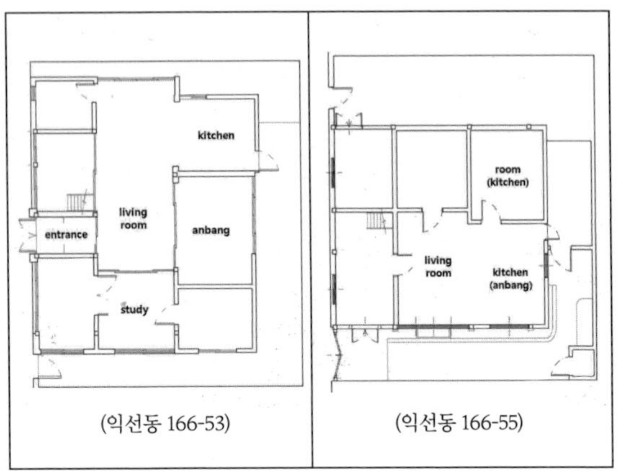

중당식 건물 도면

출처: 이경아(2016), p. 176.

있다.

그런데 익선동에는 중당식 건물이 사진에 나오는 다락방 달린 두 집뿐이다. 이 집에는 이전의 전통 건축과 사뭇 다른 변화가 일어나는데 구조가 이렇게 바뀌면 화장실이나 부엌이 집의 내부로 들어올 수 있다. 그렇게 되면 신발을 신지 않고 이 두 곳을 다닐 수 있게 된다. 이전 일자 형 가옥이나 중정이 있는 가옥은 부엌이나 화장실이 거실 바깥에 배치되어 있어 반드시 신발을 신고 다녀야 했다.

그에 비해 이 가옥에서는 특히 부엌을 집안으로 들여 올 수 있어 음식을 하는 주부들은 매우 편한 생활을 할 수 있었을 것이다. 부엌이 집안으로 들어온다는 것은 수도가 집 안으로 들어오는 것을 의미한다. 지금의 주거 형태에서는 집안에서 음식을 만들고 설거지를 하는 것이 자연스러운 일이지만 이전의 전통 한옥에서는 이런 일이 불가능했다. 부엌은 온돌방에 연결되어 있지만 신발을 신고 나와야 갈 수 있었고 수도는 당연히 앞마당에 있기 때문에 거기서 물을 담아 부엌 안으로 가지고 들어가 음식을 만들었다. 따라서 이러한 구조에서 주부는 움직이는 동선이 복잡하고 힘들 수밖에 없었다. 정세권은 중당식 주택을 선보임으로써 이 문제를 한 번에 해결해버린 것이다.

지붕 밑과 지하 공간도 활용! 그런가 하면 정세권은 실로 파격적으로 지붕이나 지하 공간도 활용하자는 안을 제시했다. 앞에서 우리는 정세권이 좋은 주택은 위생적이고 실용적이어야 하며 경제적이어야 한다고 주장했다는 것을 알고 있다. 이때 경제적이라 함은 주어진 공간을 최대한 활용하는 것을 의미하는데 이를 위해 정세권은 지붕 밑에 다락을 만들고 지하를 파 새로운 공간을 만들자고 제안했다.

앞에서 본 두 집은 지하 공간은 없지만 지붕 밑에 사다리를 통해 오르락내리락 할 수 있는 다락방을 만들었다.

이것은 이전 한옥에서는 결코 발견할 수 없는 획기적인 기획이라 할 수 있다. 좁은 주택에서 다락방이라는 존재는 상당히 큰 여유 공간을 의미하기 때문에 그런 공간이 있으면 그 집에 사는 구성원들이 훨씬 더 많은 여유감을 느낄 수 있을 것이다. 그 공간을 침실로도 쓸 수 있고 창고로도 쓸 수 있는 등 다용도로 활용할 수 있기 때문이다.

이것은 지하 공간도 마찬가지이다. 이전 한옥에서는 지하 공간이 존재한다는 것을 상상할 수 없었을 것이다. 양옥에서는 지하실이 있는 것이 자연스럽지만 한옥은 지하실과는 어울리지 않는다고 생각하는 게 자연스럽다. 그러나 요즘은 달라졌다. 요즘 한옥은 지하 공간 만드는 것을 당연하게 생각하기 때문이다. 좁은 필지에서 공간을 활용하기 위해서는 어쩔 수 없는 일일 것이다. 그런데 정세권은 1930년대라는 아주 이른 시기에 벌써 이런 생각을 한 것이다. 그는 이 지하 공간에 주방이나 식당, 세탁장 같은 것을 설치해 지상에서의 삶을 더 여유 있게 보낼 것을 제안했다. 지상 공간에서 실제로 이런 것들이 빠지면 공간적으로 훨씬 더 여유로움을 느낄 것이다. 요즘의 건축가들이 한옥에 도입한 아이디어를 정세권은 80~90년 전에 제안했으니 그가 얼마나 선지자적인 혜안을 갖고 있었는지 알 수 있지 않을까.

정세권이 개발한 한옥단지

그런데 앞에서 말한 대로 익선동에는 이런 중당식의 주택이 두 군데밖에 없다. 따라서 익선동을 갈 때 중당식의 건물을 볼 수 있다고 생각하면 낭패이다. 나도 익선동에 갈 때 마다 저 두 집 앞에 가는데 항상 문이 굳게 닫혀 있어 그 안을 전혀 볼 수 없었다. 정세권이 익선동 한옥 단지를 만들 때에는 그의 건축 철학이 아직 완성되기 전이었다. 그가 이런 건축의 모델을 완성한 것은 1934년쯤이라고 한다. 따라서 학자들의 견해에 따르면 익선동에는 이런 건물이 많이 있을 수 없고 앞에서 본 이 두 채의 중당식 집은 이 모델이 완성되기 전 단계에 지은 것으로 보인다고 한

다.[13)]

지금까지 본 것은 중당식의 한옥을 말하는데 중정식의 한옥, 즉 우리가 주위에서 가장 흔하게 보는 한옥을 지을 때에도 정세권은 많은 변형을 가했다. 그 개량 요소에 대해 김경민 교수는 이렇게 말한다. “그가 만든 한옥은 전통 한옥을 상당 부분 변형한 것이었다. 당시에는 파격적으로 수도와 전기가 들어왔고, 환기와 일조권 등 구조에까지 신경을 썼다. 또 행랑방과 장독대, 창고의 위치를 실용적으로 재배치하고, 대청에 유리문을 달고 처마에 잇대어 함석 챙을 다는 등 새로운 시도를 했다. 이처럼 그의 한옥은 20세기형 생활 방식을 고려해 설계된 퓨전(fusion) 한옥이었다.”[14)] 지금 우리가 북촌이나 익선동에서 만나는 한옥은 대부분 이러한 개량을 거친 것이다.

그는 이처럼 새로운 시도를 많이 하였다. 구조를 효율적으로 바꾸었을 뿐만 아니라 대청에도 유리문을 달아 마루라는 공간을 더 적극적으로 쓸 수 있게 했다. 또 그는 새로운 소재를 사용하는 것도 거부하지 않았다. 예를 들어 처마에 함석 챙을 다는 것이 그것이다. 당시에 함석은 새로

13) 앞의 논문, pp. 175-177.

14) 김경민, “서울 최고의 한옥 지구 만든 그는 왜 잊혔나.”, 프레시안(2013년 6월 26일 자)

운 소재로 각광받았던 모양이다. 이 함석을 도입해 한옥의 단점을 만회한 것이다. 어떤 단점일까? 비가 들이치는 것이나 낙수가 기와에서 떨어지는 게 그것이다. 비가 많이 와서 집 쪽으로 들이치면 한옥은 나무로 만들었기 때문에 좋을 것이 없다. 정세권은 그런 것을 막기 위해 함석으로 챙을 달아 들이치는 비를 막는 방안을 생각했다. 그리고 빗물을 한 군데로 모아 홈통으로 뽑아서 사람이나 집이 비 맞는 것을 최소화했다. 지금이야 다 이렇게 짓지만 당시에는 이런 식으로 짓지 않았던 모양이다. 이런 것들을 보면 그가 한옥을 개량하기 위해 얼마나 많은 생각을 했는지 알 수 있다.

개념과 소신이 있는 건축가, 정세권 앞에서 말한 것처럼 당시에 이미 정세권의 건축 작업에 대한 비판이 있었다. 전통 한옥 양식을 너무 많이 파괴했다는 것부터 소규모 한옥을 대량으로 서민들에게 지어줌으로써 주거 환경이 나빠진다는 것 등이 그것이다. 이전에는 큰 집 몇 채만 있었기 때문에 사람들이 별로 모여 들지 않았는데 거기에 작은 집을 많이 만들면 사는 사람들이 많아진다는 게 그것이다. 그래서 복잡해진다는 것이다. 그러나 이런 견해는 너무 가진 자를 옹호하는 것이다. 서민들도 합리적인 가격으로 좋은 주거 환경에서 살 권리가 있다. 거주하는 사람 수가 많아져 주거 환경이 조금 복잡하게 되더라도 많은 사람들이 좋은 환경에서 생활할 수 있는 게 더 나은 일이다.

그리고 당시 한국의 지식분자들은 한옥보다 양옥을 좋아했다고 한다. 그래서 이들의 입장에서 보면 정세권의 시도가 마뜩치 않게 보였을 수도 있다. 그러나 정세권은 이런 것에 개의치 않고 서민들을 위한 한옥을 지어 많은 사람을 이롭게 했다. 그런데 이런 업적 말고도 건축적인 입장에서 볼 때에 정세권은 한옥 만드는 기술이 끊어지지 않게 한 공적도 있다고 한다.[15] 워낙 많은 한옥을 건설했기 때문에 한옥을 지을 수 있는 기술자들이 많이 필요했을 것이고 그 결과 한옥 건축에 대한 노하우가 축적되었을 것이라는 것이다.

이렇게 볼 때 정세권은 실로 개념 있는 '건축업자'이었던 것을 알 수 있다. 상층 계급에 속한 사람으로서 해야 할 의무를 다한 것이다. 그의 막내딸의 증언에 따르면 그는 총독부로부터 일본식 주택을 지으라는 압박을 계속 받았다고 한다. 그러나 그는 결연하게 그에 반대하면서 자신은 일본식 집은 절대로 지을 수 없다고 강하게 버텼다고 한

15) 앞의 글.

다. 그래서 그랬는지 1940년부터 해방 때까지 그는 집짓는 일을 일절 하지 않았다. 이것은 한옥을 못 짓고 일본식 집을 짓느니 건축을 아예 하지 않겠다는 소신의 발로이었을 것이다. 여기서도 우리는 그가 한낱 건축업자가 아니라 한국의 문화를 지키고자 했던 숭고한 정신의 소유자라는 것을 알 수 있다.

이상에서 우리는 정세권의 중당식 집 건축이라는 새로운 실험에 대해서 보았는데 애석하게도 이 실험은 성공적으로 끝나지 못했다. 이 건축 양식이 후대로 이어져 한국 전통건축의 대세를 이루지 못했기 때문이다. 그 요인에 대해 전문가들은 중당식 주택이 지닌 두꺼운 건물 깊이가 부담이 되었을 것이고 사랑방 같은 방의 독립성이 확보 되지 않았다는 등의 이유를 대고 있다.[16] 그 때문인지 당시도 그랬지만 지금도 한옥을 새로 지을 때에 중당식을 따르는 한옥은 없다. 사람들이 모두 시원한 앞마당을 선호해 이전의 중정식을 따르기 때문이다. 하기야 부지가 넉넉하면 중당식으로 지을 필요가 없을 것이다.

그러나 우리가 잊어서는 안 될 것은 정세권이 재정적으로 넉넉하지 않은 서민들을 위해 집을 설계하고 지었다는

16) 이경아, p. 179.

사실이다. 비록 그가 주택의 건설에서는 자신의 이상을 실현하지 못했지만 아파트의 도래를 예언한 셈은 된다. 앞에서 말한 대로 우리가 살고 있는 아파트는 그가 고안한 것과 비슷한 실내 구조를 따르고 있기 때문이다. 아파트뿐만이 아니다. 요즘의 한옥에도 그가 주장한 중당식 구조의 편린이 남아 있다. 그가 제안한 중당식 주택은 유행하지 않았지만 그가 고안한 실내 구조는 아직도 남아 있다는 것이다. 왜냐하면 요즈음 사람들도 한옥을 지을 때에는 이전처럼 화장실이나 부엌 등을 집 바깥에 두는 것이 아니라 중당식의 구조처럼 모두 한옥의 내부로 들여오기 때문이다.

이상에서 우리는 정세권과 그의 건축에 대해 큰 줄거리를 보았는데 이를 통해 그의 건축관이 현대 한옥 건축에 끼친 영향이 대강 드러났을 것으로 보인다. 그는 많은 실험을 통해 보다 많은 사람들이 저렴한 비용으로 좋은 주택에서 살게 하기 위해 노력했는데 이것은 아무리 높이 평가해도 지나치지 않을 것이다. 그리고 그런 주택들을 보급하기 위해 발분의 노력을 한 것도 잊어서는 안 된다. 그래서 김경민 교수 같은 이는 그의 책 제목을 '건축왕, 경성을 바꾸다'라고 붙인 것일 것이다. 앞에서도 언급했지만 서울에 그나마 한옥이 남아 있는 것은 그의 공이 지대하다고 하겠다. 우리가 도시 개발을 한답시고 그동안 한옥을 그렇게 뭉개버렸지만 그래도 한옥이 남아 있어 북촌과 서촌, 익선동에 한옥촌이 형성될 수 있었던 것은 그가 워낙 많은 한옥을 지었기 때문이다. 그런 면에서 우리는 그에게 큰 신세를 지고 있다. 따라서 앞으로 그에 대한 연구나 조명이 가일층 집중되어야 할 것이다.

해방 뒤의 변화 - 돈의동 쪽방촌을 중심으로

답사를 가면 우리가 보고자 한 지역만 보는 것이 아니라 그 주위도 보게 된다. 익선동에서 종로 3가 지하철역 쪽으로 와 길 하나를 건너면 돈의동이 되는데 그곳에는 쪽방촌이라 불리는 특별한 지역이 있다. 좁은 골목 안에 작은 쪽방들이 많이 있는 집들이 다닥다닥 붙어 있어 이곳을 쪽방촌이라고 하는 것일 게다. 6.25 이후에 익선동 주택 지역은 큰 변화가 없었던 것 같은데 이곳은 많은 변화가 있었던 터라 여기서 잠시 보았으면 한다. 이곳은 앞에서 말한 것처럼 도심이라는 이미지와는 전혀 맞지 않는 기이한 형태로 되어 있어 소개했으면 하는 것이다. 그런데 이곳에 대한 자세한 정보는 김윤이 씨나 김종한 씨 같은 분[17]들이 쓴 글에서 찾을 수 있는데 나는 조정구 씨가 '네이버 캐스트'에 쓴 것이 있어 그것에 의존했다. 씨는 일본학자들과 같이 그 지역에 있는 집들을 실측하기도 했고 자신이 그곳서 실험적으로 살아보기도 했다. 일본학자들이 그곳까지 갔다는 것이 신기한데 그것은 그만큼 그 지역이 명물이라는 의미일 게다. 아래에 있는 정보는 모두 그의 글에서 인용한 것이다.

쪽방은 어떤 방일까? 우선 왜 이곳이 쪽방 마을이라고 불리는가에 대해 보아야 하겠다. 그러려면 쪽방이 어떤 방을 말하는지에 대해 알아야 한다. 쪽방이니까 당연히 온전한 방은 아닐텐데 이른바 쪽방은 방 하나를 여러 개로 나누어서 만든 데에서 나온 이름이다. 방 하나의 크기가 1평 남짓이니 한 사람이 누우면 꽉 차는 아주 작은 크기이다. 2006년의 자료에 따르면 이 지역은 넓이가 1천 평 정도가 되고 90 채 정도의 건물이 있었다고 하니 집 하나가 평균적으로 10평 남짓한 것이다. 이 지역에는 골목길이나 교회, 가

17) 김윤이(2006), "빈곤 지역의 재생: 주민이 이야기하는 돈의동 쪽방 지역", 『도시와 빈곤』, vol. 82.
김종한(2006), "빈곤 지역의 재생: 종로쪽방상담센터 '돈의동 사랑의 쉼터'" 위와 같은 책.

지도에서 보는 쪽방촌의 위치

쪽방촌 모습

게 등도 있는데 이것들의 부지를 빼면 주택의 면적은 10평에 못 미친다는 계산이 나온다.

그런데 이 집들이 틈새 없이 다닥다닥 붙어 있어 그 밀집도가 상상을 절한다. 지도를 보면 집들이 얼마나 촘촘히 있는지 알 수 있다. 쪽방의 수가 781개에 달했다고 하니 2층으로 되어 있는 집 하나에 7~8개의 방이 있는 것이 된다. 이 건물들의 구조를 보면 보통 1층에는 주인이 사는 살림집이 있고 2층에는 일세 방이 서너 개씩 있다고 한다. 2006년 당시에 이곳에 사는 사람들의 수가 740명 정도였다고 하는데 1천 평밖에 안 되는 부지에 이렇게 많은 사람들이 산다는 것이 놀랍기만 하다.

게다가 1994년의 기록을 보면 이렇게 많은 사람들이 살고 있었는데도 변소는 3개뿐이었다고 하니 당시 이곳에서 사는 삶이 얼마나 열악했을지 알 수 있겠다. 지금은 집집마다 변소나 창고 또 보일러실이 있다고 하니 생활환경은 훨씬 나아졌다. 이곳에 투숙할 때 재미있는 것은 일세도 받는다는 것이다. 일세니까 흡사 여관서 자는 것과 같은 것이다. 우리는 전세나 월세에만 익숙해 이런 데에서 하루 숙박료를 받는다는 게 신기한데 하루 숙박료는 7천 원 정도라고 한다. 이곳에 오는 사람들은 주로 일용직 노동자들이라고 하는데 이들은 그나마 이 정도의 돈을 낼 수 있는 사람들이다. 그러나 이마저 내지 못할 정도로 경제 상태가 열악해지면 그 사람은 노숙으로 자신의 지위를 바꾸어야 한다. 그러니까 이 쪽방은 어떤 사람이 노숙으로 가기 마지막 단계에서 이용하는 곳인 모양이다.

쪽방촌의 간략한 역사에 대해 이곳을 이해하려면 역사를 보아야 하는데 복잡한 것을 대폭 줄여 아주 간략하게만 보자. 이 지역은 원래 땔나무와 숯을 팔던 시탄(柴炭)시장이 있던 곳이었다고 한다. 그러다가 1930년대 중반에 시장은 문을 닫게 되는데 그 뒤의 역사에서 우리의 주목을 끄는 것은 이곳이 6.25 이후에 윤락가로 변했다는 사실이다. 추정하건대 일제기에는 이곳에 일본식의 2층 목조 건물이 있었을 것이다. 그런데 이 집들이 모두 윤락가로 바뀐 것이다. 지금 우리가 보는 집들은 많이 바뀌긴 했지만 그 원래 틀은 유지하고 있는 것 같다. 원래 집의 모습은 남아 있고 방을 더 많이 만든 것이다. 그래서 쪽방촌으로 불린다고 했는데 방이 이렇게 많이 생기게 된 이유는 무엇일까? 이 의문에 대해 조정구 씨는 보다 많은 방에서 매춘을 하기 위해서 방을 많이 만든 것인지 아니면 1960~1970년대에 일세 방을 많이 만들어 수입으로 더 올리려고 그랬는지 확실하지 않다고 전하고 있다.

이곳에 윤락가가 생기게 된 배경은 해방과 6.25 전쟁과 관련된다. 해방이 된 뒤 일단 종로 3가 뒷골목에 윤락가가 형성되었던 모양이다. 서울에는 기차역 앞 동네를 비롯해 여러 지역에 윤락가가 형성되었는데 이른바 '종삼(종로 3가)'은 대표적인 윤락가였다. 종삼은 역전도 아닌데 윤락가가 형성된 특이한 경우라 할 수 있다. 그러다 6.25 전쟁 이후에 남편을 잃은 여인을 비롯해서 가족의 생계를 책임 진 여성들이 대거 이 윤락업에 뛰어든다. 1955년에 나온 어떤 신문을 보면 전국 성매매 여성 가운데 반에 해당되는 여성이 '전쟁미망인'이라고 보도한 기사도 있었다.

이처럼 종로 3가 뒷골목에서 시작한 윤락가는 동쪽으로는 원남동까지 확대되었고 서쪽으로는 낙원동과 이 돈의동까지 확장되었다고 한다. 그 길이가 동서로 1km가 넘었다고 하니 이곳에 얼마나 큰 윤락가가 형성되었는지 알 수 있다. 그리고 당시 이 지역에서 활동하고 있던 성매매 여성들이 1천 명 내지 1천 4백 명이었다고 하니 그 엄청난 규모에 놀라기도 하지만 동시에 당시 사람들이 얼마나 살기가 힘들었을지 절감할 수 있다.

이 지역에서 성매매가 주로 이루어졌던 곳은 아마도 이 쪽방촌이었을 것이다. 그렇게 생각해볼 수 있는 요인 중에 하나는 앞에서도 밝혔지만 이 쪽방촌은 바깥의 큰 길에서는 전혀 보이지 않는다는 것이다. 이 마을의 입구들은 보통 작은 골목길로 시작하는데 그 길이 바로 한 번 꺾이기 때문에 그 안의 모습은 전혀 보이지 않는다. 지금도 이곳의 입구를 보아서는 그 안에 무엇이 있는지 전혀 짐작할 수 없다. 이것은 이렇게 말로 해서는 실감이 안 나고 실제로 가서 보면 말을 하지 않아도 금세 알아차릴 수 있다.

이 지역은 왜 이렇게 디자인되었을까? 왜 밖에서는 안이 잘 보이지 않게 길이 만들어졌냐는 것이다. 그것은 이 지역이 왕년에 성과 관계된 곳이라 그렇게 된 것 아닐까 한다. 원래 성과 관계된 곳은 은밀하고 주(主)공간과 떨어져 있는 경우가 많다. 성적인 일은 다른 사람들이 잘 모르게 해야 되기 때문이다. 이 쪽방촌이 바로 그런 인간의 욕망에 맞게 디자인된 지역이 아닌가 하는 생각이 든다. 물론 지금은 윤락과는 전혀 관계 없다.

이 지역이 이렇게 도심의 큰 길에 연해있으면서도 디자인적으로 외져 있었기 때문에 내가 그동안 익선동 근처를 배회했을 때에도 쪽방촌의 존재를 전혀 몰랐던 것이다. 내가 이 지역을 발견하고 다른 사람을 데려가면 다들 놀라는 눈치였다. 전혀 예기치 못한 광경이 눈앞에 펼쳐지기 때문에 그런 것인데 한 가지 주의를 주고 싶은 점은 젊은 여자들만 가는 것은 다소 위험할 수도 있다는 것이다. 제자들이 수업 시간에 발표하기 위해 사전 답사를 하러 갔는데 그곳에 사는 분들이 상당히 경계하는 눈치였다고 한다. 그 다음에 내가 제자들과 갔을 때도 내 제자들에게 험악한 욕을 하는 남자가 있어 그 동네의 분위기를 느낄 수 있었다.

쪽방촌 주위의 모습 이 쪽방촌 바로 옆에는 춘원당이라는 큰 한의원이 있는데 한 눈에 대단한 병원이라는 것을 알 수 있다. 그냥 한의원이 아니라 한약연구소도 있고 한방박물관도 있는 등 규모가 남다르다. 역사가 약 170년이나 된다고 하고 7대 째 가업을 계승하고 있다고 하니 이정도 명망 있는 한의원도 흔치 않을 것이다. 그런데 동네 토박이 주민인 김금수 씨를 만났더니 이 한의원과 관련해 재미있는 사실을 하나 알려주었다.[18] 이 지역에는 이 춘원당 말고도 한의원들이 많이 있었는데 그 의원들이 번성한 시기가 윤락가가 생긴 다음부터라는 것이다. 왜 그때 한의원이 번성하게 되었을까?

이 한의원에는 여기에 살던 성매매 여성들이 주고객으로 왕래했다고 하는데 이 많은 여성들을 치료해야 되니 한의원도 많이 생긴 것이다. 그 중에서도 춘원당이 가장 번

18) 2016년 5월 28일에 면담.

성했다는 것이 김 씨의 증언이었다. 이 윤락여성들이 병이 많을 것이라는 것은 상상하기 그다지 어렵지 않을 것이다. 그 당시 한의원에서는 아편 비슷한 것도 취급했다고 하는데 그 진위여부는 알 수 없지만 당시 이 여성들의 삶이 얼마나 고달팠으면 이런 약품까지 손을 댔을까 하는 생각이 든다.

이곳에 있던 윤락가가 1968년에 서울시가 벌였던 '나비작전'이라는 것에 걸려 사라졌다는 것은 유명한 이야기이다. 당시 서울시장이었던 김현옥[19] 씨가 전격적으로 소탕작전을 지휘해 시작한지 1주일도 안 되어 손님들을 차단하는 데에 성공했다고 한다. 당시의 상황을 보면, 골목마다 100촉짜리 전등을 켜놓았는가 하면 손님이 골목에 들어서면 공무원이나 경찰관들이 달려가 이름이나 주소를 물어보았다고 하니 얼마나 극성맞게 작전을 펼쳤는지 알 수 있다. 그런 끝에 그곳에 있던 여성들과 포주들이 다른 곳으로 밀려났다고 한다.[20]

19) 이 사람은 시장 재직 당시 하도 건설을 많이 해서 '불도저' 시장이라는 별명으로 불렸다.

20) 이 사람들은 사대문 밖으로 밀려났는데 특히 속칭 '미아리 텍사스'라 불리는 곳으로 옮겨가 다시 집창촌을 형성하게 된다.
김희식(2011). "동소문 밖의 사람들 – 미아리일대의 역사 · 공간 · 삶". 『로컬리티 인문학』 제6호. pp. 117-118.

170년 전통의 춘원당 한의원

그러나 그렇게 극성맞게 소탕 작전을 해봐야 그곳에 있던 사람들이 다른 곳으로 가서 영업을 계속했을 터이니 효과를 진짜 보았는지 어떤지는 잘 모르겠다. 단 도심의 환경을 '정화'했다는 효과는 분명히 있었을 것이다. 그럼 그 뒤의 쪽방촌은 어떻게 되었을까? 조정구 씨가 만난 주민에 따르면 그 뒤에는 이 여성들을 지방에 소개하는 사람들이 이곳에 있었는데 그 일도 금지당해 그 사람들 역시 다 떠났다고 한다. 그러다 1970년대에는 일용직 근로자나 오갈 데 없는 사람들이 모여 들어 지금까지 그 상태로 있다고 한다.

지금까지 우리는 돈의동 쪽방촌을 보았는데 이 돈의동

과 익선동 사이의 큰길(삼일대로 30)에 대해서도 거론할 거리가 있다. 이곳은 꽤 유명한 포장마차 촌인데 밤이 되면 사진에서 보는 것처럼 수십 개의 포장마차가 도로를 가득 메운다. 나는 '포차'를 그리 좋아하지 않아 이곳서 먹어보지는 못했는데 포차와 관련해 주민에게 재미있는 이야기를 들은 것이 있어 한 번 소개해보겠다. 한 번은 그 길가에 있는 식당에 들어간 적이 있는데 그 집의 여주인이 말하길 주말이 되면 이 포차에는 게이들이 많이 온다고 한다. 그걸 어떻게 아느냐니까 그들이 말하는 걸 들으면 금세 안다고 한다. 남자 둘이 있을 때 한 사람이 여자 같이 말하면 그들은 게이라는 것이다. 그러면서 그녀는 게이들의 말투를 흉내 냈는데 그것을 아주 재밌게 들었던 기억이 난다. 그래서 주말 밤에 나가 그곳 상황을 직접 목도하고 싶었는데 아직 실행에 옮기지 못하고 있다. 나는 주로 여 제자들과 같이 다니니까 늦은 밤에는 잘 다니지 않게 되어 더 더욱이 그곳을 가지 못하고 있다.

기원
우대
옥장서원
늑대와 여우
재즈피아노 찬송가반주법
765-9073
제무사
노래방
노래방

익선동 포장마차촌

이비스 호텔 옥상에서 바라본 익선동 전경

2000년대에 나타난 변화

익선동 수난사 이 지역은 북촌과 비교해볼 때 상대적으로 사람들의 눈에서 벗어나 있었다. 그 사이에 이곳은 계속해서 낙후되어갔다. 그러나 이곳은 원천적으로 도심이었기 때문에 서울시에서는 2004년에 이 지역을 완전히 새롭게 바꾸는 계획을 수립했다. 그래서 나온 게 '익선 도시환경정비구역 지정안'이었다. 이 기획에 따르면 이곳에 있는 불량하고 낡은 건물을 모두 철거하고 2008년까지 14층 이하의 주상복합단지나 관광호텔을 비롯해 다양한 근린생활시설이 들어가는 신천지로 바꾸려고 했다. 이런 모습은 현대 한국인들이 꿈꾸는 이상적인 세계를 대표한다고 하겠다. 한국인들은 이런 환경 속에서 사는 것이 가장 이상적인 도시민의 삶이라고 생각하는 것이다. 이렇게 여길 수 있는 것은 앞에서 잠깐 거론한 것처럼 교남동에서 이러한 참상을 목도했기 때문이다. 그곳에 있던 한옥과 오래된 양옥들이 다 헐리고 아파트가 들어선 모습이 바로 이 모습과 과히 다를 바가 없다.

그러나 익선동은 불행 중 다행이라고 할까 그곳을 둘러싸고 여러 세력들이 이해관계나 의견이 통일되지 않아 이 계획이 실현되지 못했다. 이곳은 주지하다시피 창덕궁과 종묘가 있는 문화재보호 구역이라 개발이 엄격히 규제되어 있었다. 그 때문에 문화재청이나 이 지역을 개발하려고 만든 재개발위원회, 그리고 건물주들 사이에 갈등이 계속 이어졌다. 2010년 서울시 도시계획위원회는 이 지역은 지역 특성상 고층빌딩 건설보다 한옥을 보존하는 것이 바람직하다고 결론 내리고 익선동의 개발 계획을 부결했다. 그러다 2014년에는 추진위원회도 해산되고 다음 해인 2015년에 서울시는 다시 지구단위계획을 만들기 시작했는데 주민과의 갈등으로 3년이 지난 2017년 3월이 되어서야 초안을 발표했다. 그러는 사이에 이곳에 있던 한옥은 더 낙후되어 갔다. 이 지역이 전체적으로 곧 재개발된다고 하니 한옥에 사는 주민들이 자기가 살던 집을 보수하지 않았던 것이다.

이렇게 익선동이 한옥보존지구로 지정되고 구역 내 건물 층수를 1~4층으로 제한하는 등의 계획이 발표되자 이번에는 주민들의 반발이 거셌다. 주민들은 이 지역이 한옥지구로 지정되어 관광객들이 몰려오고 그에 상응해서 외부인들이 만든 식당이나 가게들이 생겨나면 임대료가 올라 원주민들이 쫓겨나게 된다고 항의했다. 또 한옥지구로 만들고 싶으면 서울시가 일괄 매입해서 하면 되는데 왜 건물 층수를 제한하는 등 사유재산을 침해하느냐고 따졌다.

이렇게 실랑이가 벌어지는 사이 외부인들이 서서히 익선동을 잠식해갔다. 2014년까지만 해도 이곳에는 카페나 게스트하우스가 5개도 안 될 정도로 외부인들이 운영하는 가게가 적었다. 이곳에 카페나 식당, 기념품 가게 등이 본격적으로 들어온 것은 2014년 이후의 일이다. 그때부터 외부 부동산 업자들이 임대료와 땅값을 올렸고 그에 따라 그곳에 살던 주민들은 어쩔 수 없이 대거 퇴거를 당하게 된다. 지금 익선동은 '난개발' 상태가 됐는데 이것을 한 인터넷 신문기자는 이렇게 표현했다. "익선동에는 여러 사람들이 있다. 집값 급등에 밀려 정든 동네를 등지는 원주민, 관광객들의 호기심 어린 시선에 벌거벗은 삶을 강요당하는 원주민, 유행과 돈을 찾아 불나방처럼 자리 잡는 상인들, 개발을 원하는 토지 소유주들이 있다."[21] 2017년을 전후로 한 익선동의 모습을 아주 잘 묘사한 표현이라 길게 인용해보았다.

이곳은 지금도 엄청 변하고 있다. 내가 학생들과 한두 달 만에 가도 새로운 가게가 보였다. 그래서 깜짝 놀란 적이 한두 번이 아니었다. 그런 곳에 가면 학생들과 함께 이전에 이곳에 무엇이 있었는지 기억을 더듬느라고 진을 뺐

21) 오마이뉴스 2017년 3월 14일 기사

다. 그런데 새로 생긴 가게는 거의 대부분 카페나 서양식 식당, 혹은 기념품 파는 가게 일색이다. 아래 사진은 이전에 있던 한옥이 이른바 프랑스식의 식당으로 바뀐 모습이다.

부산집의 이전 모습(위)과 요즘 프랑스 가정식 맛집 르블란서의 모습(아래)

이 지역은 누굴 위해 존재해야 하는가 - 지역 개발 문제에 대해

이 시점에서 우리는 심각한 문제를 던지지 않을 수 없다. 과연 이 지역이 누구를 위한 곳인가 하는 질문 말이다. 이 지역이 개발되든 보존되든 누구를 위해 변화해야 하느냐는 것이다. 물론 원론적으로는 이곳에 사는 주민이 우선시되어야 하지만 지금은 벌써 많은 주민이 이곳을 떠났다. 그러나 아직도 남은 주민이 있으니 이들에게 피해가 가는 일을 가능한 한 줄여야 할 것이다. 이 문제는 간단한 것이 아니기 때문에 이해 당사자들이 머리를 맞대고 많은 논의를 해야 한다. 나는 그 논쟁은 피하고 다만 한국 문화 연구자의 입장에서 이 지역의 활용 방안에 대해 논하고 싶다. 그것을 알려면 이 지역이 갖는 특성에 대해 먼저 알아야 한다.

이 지역은 말할 것도 없이 전국적으로 흔하지 않은 한옥 밀집지역이다. 이 지역도 이 귀중한 한옥들을 밀어버릴 뻔했는데 천만다행으로 살아남았다. 그래서 이 지역은 대단히 소중한 곳이고 바로 그 때문에 이 특색을 살려야 한다. 지금 서울은 전통 문화와 관련해 배우고 관광할 데가 별로 없다. 외국인들이 와서 한국을 느끼고 싶어도 갈 데가 많지 않은 것이다. 내가 외국에 갔을 때 가장 가고 싶은 곳은 그 나라의 문화가 남아 있고 살아 있는 지역이다. 도시는 서울이나 동경이나 방콕이나 북경이나 다 그게 그거다. 서양식 건물이나 도로들은 어떤 나라의 도시이든 마찬가지이다. 생긴 것들이 다 똑같다. 우리는 그런 것을 보러 그 도시에 가지 않는다.

우리가 외국에 가는 것은 우리와 다른 것을 보러가기 위해서이다. 그런데 서울에는 이런 게 부족하다. 한국만의 독특한 문화를 지닌 장소가 부족하다는 것이다. 멀쩡히 잘 있던 것도 우리가 엉망으로 만들어 놓은 게 많다. 대표적인 것이 인사동이다. 우리는 인사동을 흔히 전통 문화의 거리라고 부르는데 그곳에 가면 정작 전통 건축이 별로 없다. 다 양옥집이고 그런 집에서 파는 물건도 전통적인 게 별로 없다. 그나마 파는 전통적인 물품들은 조악하기 짝이 없다.

이런 면에서 인사동은 완전히 잘못 개발되었다고 할 수 있다. 나보고 이곳을 개발하라고 하면 나는 우선 이 거리를 한옥 거리로 만들었을 것이다. 사람들이 이 거리로 들어오는 순간 조선조로 돌아간 듯한 느낌을 받게 만들어야 한다. 그래야 외국인들이 한국을 느낄 수 있다. 또 한국인들도 자신의 과거를 재체험할 수 있고 자식들을 교육시킬 수 있다. 이곳을 어떻게 하면 그런 곳으로 만들 수 있는가에 대한 것 같은 자세한 사항은 여기서 논하지 않겠다. 그것은 많은 전문가들이 머리를 맞대고 숙고해야 한다. 그러나 어떤 방법을 택하든지 간에 그렇게 만들어야 인사동도 살고 서울도 산다.

이런 인사동에 비해 익선동은 한옥이 송두리째 남아 있다. 이 얼마나 좋은 환경인가? 이곳은 바로 이것을 살려야 한다. 한옥만 살리자는 게 아니다. 이런 한옥에 가게가 열려도 전통 문화와 관계된 물품을 파는 가게가 많아야 한다. 지금처럼 서양 물품이나 서양 차, 서양 음식을 파는 가게들만 들어와서는 안 된다. 이런 서양풍의 가게도 필요하지만 지금은 이런 가게가 너무 많다.

익선동 같은 한옥 밀집 지역에 이런 가게들이 들어오는 것을 이해 못할 바는 아니다. 한국인들이 이런 전통적인 곳에서 스파게티를 먹고 포도주나 커피를 마시고 싶어 하는 것을 얼마든지 이해할 수 있다. 격조 있고 아늑한 한옥 안에서 세련된 것처럼 보이는 서양의 먹거리를 먹고 싶어 하는 것을 이해할 수 있다는 것이다. 그런데 이곳은 그런 것을 하기에 장소가 아깝다. 그런 서양 물품들은 다른 곳에서도 얼마든지 소비할 수 있다. 굳이 이렇게 한옥 밀집 지역에서 할 필요 없다.

이곳은 한국을 찾는 수많은 외국인들에게 더 쓰임새가 있다. 한국인들에게보다 외국인들에게 더 유용하다는 것이다. 말로는 반만 년 전통을 자랑하는 한국, 그런데 그 심장인 서울에 한옥 거리 하나 제대로 없다는 게 말이 되는 소리인가? 이해 돕기 위해 일본 교토를 보자. 교토에서도 특히 야사카[八阪] 신사 근처에 있는 기온[祈園] 거리라 불리는 골목으로 들어가 보라. 그곳에는 일본의 전통문화가 물씬 풍긴다. 집부터 일본 전통 가옥이다. 그리고 가게들도 대부분 일본 전통 문화와 관계된 것들만 판다. 그래서 이곳은 일본 관광 으뜸 순위로 꼽힌다. 만일 이곳이 이태리 식당이나 커피 파는 다방으로 가득 차 있다면 그곳에 간 우리가 얼마나 실망할 것인가? 그런데 그곳은 온통 일본적인 것으로 휩싸여 있어 한 번 가면 다시 가고 싶은 마

일본 교토의 전통 골목 거리

음이 생긴다.

우리도 익선동 한옥 지구를 이렇게 만들어야 한다. 한국인들은 이런 곳에 서양 물품을 파는 가게가 들어와야 근대화 되고 세련되었다고 생각하는 것 같다. 그런데 그것은 한국인들만의 생각이다. 외국인들, 특히 서양인들은 이런 곳에 오면 보다 더 한국적인 것을 보고 싶어 한다. 한옥 거리라고 해서 한껏 기대를 하고 왔더니 자기들 나라에서 파는 물건이나 음식만 발견하면 실망이 클 것이다. 우리는 이런 거리를 보다 더 객관적인 시각에서 볼 필요가 있다. 물론 항상 마음에 걸리는 것은 이곳에 사는 주민이 우선 시 되는 정책을 펴야 한다는 것이다. 그런데 그것이 어떤 것인지는 아직도 잘 모르겠다. 서로가 모두 '윈윈'하는 방법을 반드시 찾아야 할 것이다.

이제 익선동으로 들어가서 돌아다니려 하는데 그 전에 잠깐 들릴 데가 있다. 인사동 쪽에서 익선동 쪽으로 방향을 잡으면 어쩔 수 없이 낙원 상가와 낙원 아파트를 만나게 된다. 여기에도 얽힌 이야기가 많다. 또 앞에서도 돈의동의 쪽방촌을 보았듯이 이 지역에 왔으면 익선동만 볼 게 아니라 그 주변을 보아야 한다. 나는 이번 세미나를 통해 이 지역을 공부하면서 낙원 아파트를 처음으로 들어가 보았다. 내가 그 지역을 다니던 게 1968년부터였으니까 전체

기간은 근 50년이 되는데 노상 지나치기만 했지 아파트 안으로는 들어가 본 적이 없었다.

그런 내가 이번에 처음 이 아파트에 들어가 보니 이야기거리가 참으로 많았다. 이런 곳은 우리의 현대사를 아는 데에 많은 도움을 주어 아주 유익하다. 그리고 이렇게 늦은 나이에도 학생들과 같이 세미나를 하고 현장 답사를 할 수 있다는 데에 큰 감사와 기쁨을 느낀다.

익선동으로 들어가기 전에 또 한 가지 언질을 주고 싶은 것은 앞으로 나는 익선동에 우후죽순 격으로 생기고 있는 카페나 식당에 대해서는 가급적 말을 아낄 것이라는 것이다. 이유는 간단하다. 이런 집들은 언제 없어질지 모르기 때문이다. 또 나는 그런 가게들이 그곳에 생기는 것을 못마땅하게 생각하기 때문에 다루고 싶은 마음이 없다. 그러나 생긴 지 수십 년이 된 식당은 반드시 언급할 것이다. 그런 식당에서는 내가 학생들과 시식한 경험이 있기 때문에 그 경험담도 곁들일 것이다. 자 그럼 천도교 건물 쪽에서 천천히 낙원상가 쪽으로 발걸음을 옮겨보자.

익선동 입구에서

익선동을 답사할 때 우리는 보통 천도교 본부가 있는 수운회관 앞에서 만난다. 이 안에는 천도교 대교회당이 있는데 여기에도 많은 이야기가 서려 있다. 가령 이 건물은 건립됐을 당시 서울(경성)에서 3대(大) 건물 중의 하나였다는 것이 그것인데 이외에도 많은 이야기들이 있지만 이번 답사는 이 건물을 보러온 것이 아니니 예서 그치기로 한다. 그런데 만일 이곳을 지나는 일이 있다면 이 건물 들여다보기를 강력 추천하고 싶다. 건물 자체가 귀한 것이라 그렇다. 보통 때는 잠겨 있는데 사무실에 이야기하면 문도 열어주고 설명도 해준다.

익선동 언저리에서 그러나 이 유적을 그냥 지나치기는 섭섭해서 이 건물과 관계된 이야기 중 재미있는 것 한 가지만 소개해보자. 그 이야기는, 이 건물 안에서 그 유명한 소파 방정환 선생이 동화 낭독 등을 하는 등 어린이 운동을 했다는 것이다. 한국인 치고 소파를 모르는 사람은 없을 게다. 그런데 그가 천도교의 3대 교주였던 손병희 선생의 사위였고 천도교인으로서 천도교의 조직과 지원을 바탕으로 어린이 운동을 했다는 것을 아는 사람은 별로 없다.

이때 천도교가 시작한 어린이 운동은 인류 역사상 처음으로 있었던 어린이 인권 운동으로 알려져 있다. 그래서 그 부지 귀퉁이에는 이곳이 세계에서 어린이 운동을 처음

어린이 운동 기념비

으로 시작한 곳이라고 쓰여 있는 기념비를 발견할 수 있다. 이 한 가지 사실만 가지고도 할 이야기가 많은데 이 지역에 얽힌 천도교 이야기를 다 하려면 정식으로 이곳에 답사를 와서 충분한 시간을 갖고 해야 할 것이다. 그것은 그때로 미루고 우리는 우리의 길을 가자.

그런데 이곳에 오면 꼭 소개하고 싶은 음식점이 있다. 어린이 운동 기념비가 있는 골목으로 들어가면 가게 이름도 없는 김치찌개 집이 하나 있다. 이 집은 다른 음식은 팔지 않고 김치찌개만 팔기 때문인지 상호가 없다. 그래서 자리에 앉으면 무엇을 먹겠느냐고 묻지도 않고 무조건 사

가격 대비 아주 맛있는
김치찌개집

람 수 대로 찌개를 내온다. 이 집의 최고 장점은 찌개의 맛이 가격 대비해서 아주 좋다는 것이다. 이 집 찌개는 이상하게 맛있다. 그리고 값이 싸다. 처음에는 1인분에 3천 5백 원을 받았는데 지금은 5천 원을 받고 있다. 나는 그동안 이 식당으로 많은 사람들을 데리고 갔었는데 한 사람도 실망하지 않았다. 따라서 근처에 가는 기회가 있는 분들에게 이른바 '강추'하고 싶다.

거기서 낙원 상가 쪽으로 다 가서 보면 떡집이 여럿 있는 것을 발견할 수 있다. 왜 이곳에 떡집이 많을까? 이곳에서 4대째 떡집('원조 낙원 떡집')을 하고 있는 김승모라는 이를 면담한 기사를 보면 이 떡집은 원래 궁중의 나인들이 시작한 것이라고 한다. 1910년에 조선이 망하면서 수랏간 나인들이 쫓겨나 이곳에 떡집을 차린 것이 그 시발이라는 것이다. 정확한 것은 모르지만 궁중에 있던 여인들이 호구지책으로 이 떡집을 시작한 것이 틀림없을 것이다. 그의 증언에 따르면 30년 전만 해도 14~15 개의 떡집이 있었는데 지금은 4곳만 남았다고 한다. 나는 이곳을 자주 갔지만 이 떡집에서 떡을 사먹어 본 적이 없다. 밥 먹기 전에 떡을 먹으면 안 되니 자연스럽게 떡을 피한 것이다. 그래서 이곳에 있는 떡집은 내게 그리 관심의 대상이 되지 못했다(원래 술을 많이 먹는 사람은 떡을 잘 안 먹는다).

'낙원 삘딍'이란 어떤 곳일까?

낙원 상가와 낙원 아파트는 어떻게 생긴 것일까? 이제 우리는 사진에서 보았던 것처럼 '낙원 악기 상가 지하시장'이라는 간판이 크게 붙어 있는 낙원 주상복합 건물 앞에 섰다. 이 건물은 한국 최초의 주상복합 건물로 알려져 있다. 이 건물의 이름은 사진에서 보는 것처럼 '낙원 삘딍'으로 되어 있다. 이 건물을 지을 때 '빌딩'을 소리 나는 대로 적어 그렇게 된 것일 것이다. 이 건물과 관련해서 많은 이야기가 있지만 대부분의 이야기들은 많이 알려져 있어 또 반복할 필요성을 느끼지 못한다. 요즘에는 아무 때나 어디서나 전

낙원삘딍 간판

화기를 두들기면 인터넷으로 정보를 취할 수 있으니 이 책에서 그런 것들에 대해 시시콜콜 쓰는 것은 바람직하지 않아 보인다. 따라서 여기서는 세세한 것은 피하고 큰 줄거리만 골라 쓰기로 한다.

이곳에 이런 큰 집이 들어서게 된 배경은 잘 알려져 있다. 이훈민 씨가 "빅이슈"라는 잡지에 기고한 글을 보면[22] 이곳은 일제기에 소개공지(疏開空地)로 조성되다 방치되어 있었다고 한다. 소개공지란 전쟁 때 공습으로 인해 생긴 화재가 번지지 못하게 공터로 놓아두는 곳이라고 한다.[23] 빈터로 있었던 터라 6.25 후에 이재민과 월남 이주민들이 모여들어 판자촌을 만들어 살았다. 사람들이 모여 살게 되니 자연스럽게 시장이 생겨났고 술집이 많이 들어서는 등 주변 환경이 낙후되어 있었단다. 그런데 이곳은 도심에 속했기 때문에 이것을 정부가 그냥 방치할 리가 없었다. 1967년 서울시는 도심부 재개발 사업의 일부로 이곳에 이 건물을 세우기로 결정한다. 이곳을 개발하려는 이유

22) 2016년 10월 호

23) 당시 서울(경성)에는 이곳 말고도 4개의 소개공지가 더 있었다. 5개의 소개공지는 다음과 같다. 퇴계로, 율곡로, 세운상가, 낙원 아케이드 아래도로, 원효로 등이 그것이다.
서울특별시(2009), "세운재정비촉진지구 재정비촉진계획" 서울시 간행물 p. 17.

필로티 공법으로 세운 낙원상가 1층

중의 하나는 율곡로(일본문화원과 운현궁이 있는 쪽의 도로)와 종로를 연결시키려는 목적도 있었다고 한다. 그러면 건물을 세우면서 어떻게 자동차가 다니게 했을까 하는 의문이 생길 텐데 이 의문은 곧 풀릴 것이다.

이 건물이 쉽게 세워졌던 것은 아니다. 그곳에 살고 있던 사람들의 토지 소유 관계도 복잡했고 시장 상인들에 대한 배상 문제도 있어 건설 회사들이 건설을 꺼렸기 때문이다. 그러나 이 문제들이 풀리고 건축이 시작되어 1969년에 완공된다. 이 건물은 필로티(pilotis) 공법이라는, 당시로서는 첨단의 건축 수법을 사용한 것으로 유명하다. 필로티 공법이란 프랑스의 천재적인 건축가 르 꼬르뷔지에(Le

Corbusier)가 고안한 것으로 건물의 1층에는 기둥만 세워 공간으로 남겨 놓고 2층부터 방을 짓는 법을 말한다. 필로티란 여기에 세우는 기둥을 의미한다. 1층 공간이 비어 있으니까 여기에는 자동차나 사람들이 자유로이 왕래할 수 있고 이 공간을 주차장으로도 이용할 수 있다. 방금 전에 본 것처럼 여기에 건물을 지으면서 차량도 다닐 수 있게 하기 위해서 이 공법을 활용한 것이다. 비슷한 시기에 건축된 세운상가도 같은 공법으로 만들었다. 그런데 문제는 이 낙원상가를 누가 설계했는지 모른다는 데에 있다. 일설에는 김수근 씨가 설계했다고 하는데 이훈민 씨에 따르면 건축 당시의 기록이 없어 그 정보를 믿을 수 없단다.

아파트로 들어가기 어떻든 그렇게 해서 이 건물이 지어졌는데 처음에는 8층까지만 설계가 되어 있었는데 어찌어찌 하다 15층까지 짓게 되었다. 그 사정은 아파트 안을 들어가 보면 어느 정도 알 수 있다. 앞에서 말한 것처럼 이번에 이 지역에 대해 쓰기로 마음먹고 나는 이 아파트에 생전 처음 들어가 보았는데 사진에서 본 대로 가운데 뻥 트인 구조였다. ㅁ 자 형태로 방들이 건설되어 있고 그 자연스러운 결과로 가운데는 트여 있었다. 이것은 비록 아파트에 살지만 햇볕도 느끼고 비나 눈도 맞으면서 자연을 느

낙원 아파트와 그 내부

껴보라는 의도로 그렇게 설계된 것 같았다. 세운상가도 이렇게 설계되어 있고 지금 남아 있는 아파트 중에 가장 오래된 충정아파트(1933년 혹은 1937년 건설)도 같은 양식이고 창신동에 있는 동대문 아파트(1965년 건설)도 이렇게 설계되어 있다.

낙원 아파트 내부

나는 이 아파트들을 다 가보았는데 특히 동대문 아파트는 중정을 지붕으로 막지 않아 내부가 시원했던 기억이 난다. 또 충정아파트는 집 근처에 있어 자주 지나다니는데 그 입구에는 내부 사진 찍는 것을 금지한다고 씌어 있어 항상 재미있게 보곤 했다. 이 아파트가 한국에서 가장 오래된 아파트라고 하니 외부인들이 자꾸 와서 사진을 찍는 모양이다. 그래서 어쩔 수 없이 그렇게 써놓은 것이리라. 80년이 된 아파트니 건축 전공하는 사람들이 가만 둘 리가 만무할 것이다. 어떻든 당시로서는 아파트를 지을 때 이렇게 설계하는 것이 첨단 유행이었던지 모두 이런 설계를 따랐다. 그래서 그랬는지 연예인이나 유명인들이 이런 아파트에 많이 살았단다. 특히 동대문 아파트는 연예인들이 많이 살아 아예 연예인 아파트로 불렸다는 이야기도 있다.

그런데 낙원아파트는 이 중정을 막아 놓아 더 이상 햇빛을 직격으로 볼 수 없다. 지붕을 만들어 덮은 것이다. 아마도 중정을 개방해 놓으면 더위나 추위에 취약하고 비나 눈이 들이쳐서 생활에 불편을 준다고 생각해 막아놓은 것 같았다. 그래도 반투명 소재로 막아놓아 아파트 안이 밝아서 좋았다. 그리고 가운데가 텅 비어 있으니 그 전체가 한 집 같은 느낌이어서 시원하면서도 따뜻한 느낌이 있었다. 또 양쪽 벽면에는 부조 형식으로 조각을 해 놓아 아파트 안이

충정아파트 전경

충정아파트정문

충정아파트 정문에 쓰여 있는 문구

한결 여유로웠다.

그런데 그때 위에서 보니 전체적으로는 이 건물이 15층 건물인데 8층에서 막혀 있었다. 이상하게 생각했지만 그 이유를 알 수 없었다. 내가 건축에 대해서 잘 아는 것은 아니지만 상식적으로 볼 때 8층에서 한 번 막을 이유가 없는 것이다. 그래서 당시 생각에는 상가가 8층까지 있는 모양이라고 추측했는데 그것도 아니었다. 6~7층으로 내려가 보니 거기도 모두 아파트로 되어 있었기 때문이다. 그래서 이상하다고 제자에게 말하니까 그가 자료를 한참 찾아보더니 이 건물이 원래는 8층까지만 설계되었다는 정보를 알려 주었다. 이 정보가 사실이라면 이 건물이 8층을 막은 것이 이해가 된다. 시공 당시 8층까지 짓고 마감을 한 다음 그 뒤에 마고자비로 15층까지 올린 것이다. 그 뒤에 '설계변경 허가신청'을 서울시에 냈는데 서울시가 이 낙원 상가 대표를 건축법 위반으로 고발하는 등 당시의 소란에 대해 많은 신문들이 전하고 있었다.[24] 이렇게 마음대로 설계변경하는 것은 지금 생각하면 말도 안 되지만 그때는 그런 주먹구구식의 집이 많았다.

우리는 어떤 주민의 배려로 아파트 안에 들어가 볼 수

24) 매일경제. 1969년 4월 18일 자

있었는데 그 전망이 한 마디로 '끝내주었다'. 이 집은 북악산과 북한(삼각)산 쪽으로, 그러니까 북쪽으로 창이 나 있었는데 그곳서 본 이 산들의 모습은 실로 일품이었다. 그것을 다음과 같은 사진으로 담아 왔으니 독자들도 감상하기 바란다. 그곳서 30년 이상을 살았다는 주민(여성)에 따르면 이곳에는 남산에서 근무하는 군인들이 많이 살았다고 한다. 그래서 튼튼하게 지었다고 하는데 그녀가 말하는 남산서 근무하는 군인이 누구를 지칭하는지 알 수 없었다. 혹시 남산에 있던 중앙정보부(현 국정원)에 근무하던 사람들을 의미하는지도 모르겠다.

낙원 아파트에서 바라본 경관

경운
어린이 어린이 어린이
보호구역 보호구역 보호구역

지금은 누가 살고 있느냐고 물어보니 이 낙원상가에서 장사하는 이들이 많이 살고 있다고 전해주었다. 그런데 이 아파트 안을 돌아다녀보니 그 안에도 가게가 있었다. 이를테면 한복집 같은 것인데 한복은 집에서도 충분히 만들 수 있으니 그곳에서 거주하면서 장사도 하는 모양이었다. 요즘 들어와 특이한 것은 젊은 부부들이 들어와 완전히 개조(remodeling)해서 아주 모던하게 사는 것이 추세라고 한다. 이런 일이 가능한 것은 이 아파트의 가격이 그리 비싸지 않기 때문일 것이다. 참고로 말하면 여기서는 3억 원대면 30평 정도의 아파트를 살 수 있다고 하니 강남 등지와 비교하면 가격이 아주 좋은 것이다.

그 주민은 또 정보를 하나 주었다. 6층에 놀이터가 있다는 것이다. 그 말을 듣고 쏜살같이 내려가 보니 6층은 아파트도 있었지만 그 밖으로 엄청난 공간이 있었다. 그러니까 중간 옥상인 셈이다. 2~3백 평은 되어 보였는데 그 큰 공간에 놀이터가 있다는 주민의 말과는 달리 아무것도 없었다. 대신 주민들이 가꾸는 식물들이 있는 텃밭 같은 것들이 조금 있을 뿐이었다. 이전에 여기에 놀이터가 있었는지 어땠는지는 모르지만 이 공간이 아깝게 보였다. 남산이나 북악산, 북한산 일원이 다 보이기 때문에 전망이 아주 좋은데 그냥 놀려 놓는 게 아까웠다. 아래 길에서 이 아파트를 볼 때에는 이 위에 이런 공간이 있으리라고는 상상도 못했는데 이런 공간을 만나니 신기하기 짝이 없었다. 이 아파트는 항상 우리 옆에 있었는데 이런 곳인 줄을 전혀 모르고 있었으니 그 날 이 아파트를 돌아보며 나는 흡사 오래된 새집에 온 것 같아 느낌이 아주 신선했다.

낙원상가와 아파트 원경(6층에 중간 옥상이 있다)

상가 안으로 이렇게 해서 낙원 아파트를 간단하게 보았는데 사실 아파트를 먼저 보는 것은 순서가 조금 바뀐 면이 있다. 낙원 상가가 먼저 눈에 띠기 때문이다. 그래서 상가부터 먼저 보아야 하는데 아파트와 상가는 어차피 따로 보아야 하기 때문에 아파트부터 먼저 들여다보았다. 이제 상가 안으로 들어가려 하는데 원래의 모습은 지금과 달랐다. 달랐다는 것은 지금과는 다른 가게들이 있었다는 뜻이다.

이전에도 지하에는 지금처럼 시장이 있었지만 그 위에는 지금과 완전히 다른 가게들이 들어와 있었다. 원래는 2~5층에 토산품 파는 집, 식당 등이 있었는데 그 중에서 특히 기억에 남는 것은 3층에 있던 볼링장과 4층에 있던 허리우드 극장이다. 이랬던 것이 지금은 2~3 층이 모두 악기 가게들로 가득 차 있고 4층에는 여전히 극장, 그러나 이전의 허리우드 극장이 아니라 완전히 탈바꿈한 극장이 있고 5층에는 악기점들의 사무실이 있다(4층에도 악기점 사무실이 있기는 하지만). 그러면 지하부터 천천히 이 건물을 훑어보자.

지하상가 안으로 천도교 본부에서 낙원상가 쪽으로 가면 가장 먼저 만나는 게 바로 이 지하상가이다. 이 앞은 내가 그동안 수도 없이 지나다녀봤지만 앞서 말한 대로 지하상가에는 한 번도 들어가 본 적이 없었다. 작년에 이 지역을 수업에서 정식으로 답사하면서 아무 기대 없이 이 시장 안으로 처음 들어가 보았는데 나는 그만 깜짝 놀라고 말았다. 엄청난 규모의 전통 시장(그리고 식당)이 있었기 때문이다. 도심 한 복판에 이런 시장이 있었다니 하면서 입을 다물 수가 없었다. 이 시장은 원래 이곳 지상에 있던 시장에서 장사를 하던 사람들이 자연스럽게 입주한 것이라는 것은 앞에서 이미 밝혔다.

낙원 지하상가

주차장에서 1층 지하상가 내려가는 입구

낙원 지하상가

이 시장을 보고 곧 들었던 의문은 도대체 누가 와서 이 곳에서 장을 보느냐는 것이었다. 시장이 유지된다는 것은 물건을 사러 오는 사람이 있기에 가능한 것이니 그것이 궁금했다. 사실 그렇지 않은가? 이 주위에는 아파트 단지도 없는데 도대체 누가 와서 이 식품을 사는지 궁금하지 않을 수 없었다. 그래서 곧 이 문제에 대해 시장 상인들에게 물어보았다. 그랬더니 가게 주인들 왈 그 지역에 있는 식당 주인들이 식자재를 사기 위해 온다는 것이었다. 그러고 보니 이해가 되었다. 그 지역에는 식당이 엄청 많으니 이런 큰 시장이 있어야 하는 것이다. 이곳은 소문난 먹자골목이니 식자재가 그 만큼 필요할 것이다.

이 시장을 돌아다녀보면 한쪽 구석에 일미식당이라는 식당이 있는 것을 발견할 수 있다. 이 식당을 주목해야 하는 것은 이곳이 모 방송국에 의해 '착한 식당'으로 선정된 적이 있었기 때문이다(그 뒤에 다른 프로그램, 즉 '먹방' 프로그램에도 소개되었다). 양심적인 식당이라 그렇게 선정된 모양인데 내가 직접 가서 청국장이나 김치찌개를 먹어보니 별다른 특징은 없었고 무난한 맛이었다. 그런데 방송의 힘은 대단해 이 집은 방송에 나간 뒤 장사가 잘 되어 곧 그 근처의 지상에 지점을 하나 열었다. 지하에 있는 집은 상당히 허름했는데 지상의 것은 세련되게 보였다. 나는 이 집에는 가보지 못했다. 왜냐하면 외식이라는 것은 집에서 먹지 못하는 음식을 먹기 위해 가는 것인데 이곳은 집에서도 충분히 먹는 음식을 팔고 있기 때문이다.

그 유명한 낙원 악기상가 앞에서 그 다음에 갈 곳은 말할 것도 없이 악기상가이다. 이곳에 대해서는 많은 곳에 소개되어 있어 그다지 설명이 필요 없을 것이다. 내가 대학 다니던 1970년대 중반에도 이곳에 악기상이 있었는데 지금이 그때보다 훨씬 규모가 크다. 이곳에 악기상이 많아진 것은 어찌 보면 필연적인 것인지도 모르겠다. 이 주변에는 이전에 유흥 주점이 많이 있었기 때문이다. 이 근처에는 요정이나 카바레, 나이트클럽 등 유흥적인 사교장이 많이 있었다. 이 가운데 오진암 같은 유명한 요정은 뒤에서 다시 다룰 것이다.

주변 상황이 그러하니 악사를 비롯한 음악인들이 이곳에 모일 수밖에 없었고 그들에게 악기를 제공하기 위해 이런 악기 가게들이 많이 생겨났을 것이다. 그래서 지금도 그 근처를 배회하다보면 이른바 업소에 서는 가수들이 입는 일명 '반짝이옷'을 파는 가게들을 심심치 않게 만날 수 있다. 제자들에게 그런 가게에 들어가서 이 옷들을 누가 사가냐고 물어보라고 했더니 주인이 대답을 안 해주더란다. 그런 세계와 아무 관계가 없을 아가씨들이 왜 그런 질문을 하느냐고 해서 면박만 받고 나왔다. 이번에는 제자를 동원한 게 통하지 않은 것이다. 그렇다고 내가 들어가서 물어볼 수도 없어 다른 기회를 기약하며 그곳을 떴다.

이곳 악기상은 시간이 흐르면서 끊임없이 확장되었다. 1970년대 말 남대문 시장에 화재가 일어난 적이 있었는데 그때 그곳에 있던 악기점들이 낙원 상가로 들어왔다고 한다. 그런가 하면 1983년에는 파고다 아케이드에 있던 악기점들이 이 아케이드가 헐리면서 역시 낙원 상가 안으로 들어오게 된다. 여기서 우리는 파고다 아케이드라는 전혀 새로운 건물을 만나게 된다. 파고다 아케이드라고 하면 60대 이상은 친숙하겠지만 젊은 세대는 잘 모를 것이다.

이 아케이드는 탑골 공원 남쪽 담을 헐고 만든 상가이다. 그러니까 지금도 있는 원각사 10층 석탑을 빵 둘러서 만든 것이다. 이곳은 당시 파고다 공원으로 불리고 있었기 때문에 자연스럽게 이 아케이드는 파고다 아케이드라고 불린 것이리라. 내 기억에 이 아케이드는 당시 한국에게는 어울리지 않게 매우 근대적인 건물이었다. 이름 자체가 당시로서는 꽤 생소했던 기억이 난다. 재래시장만 있던 시절에 느닷없이 아케이드라는 이름이 나와 우리는 그 뜻도 모르면서 그 이름을 불러댔는데 이곳에 와서 물건을 산 기억은 없다.

1969. 3. 26 건축 중인 낙원상가 모습. 파고다극장 옥상에서 바라본 모습
(밑에 있는 원형 회랑 같은 것이 파고다 아케이드이다)
- 서울시역사편찬위원회

김현옥 서울시장, 낙원상가 아파트 시찰 - 서울시 제공

김현옥 서울시장, 낙원상가 아파트 시찰 - 서울시 제공

김현옥 서울시장, 낙원상가 아파트 시찰 - 서울시 제공

1969년 탑골공원 모습(팔각정 뒤에 아케이드가 보인다)

1980. 4. 21 정상천 서울시장이 새로 단장한 파고다공원을 시찰하고 있다.

1984. 3. 1 대대적인 정비복원작업 끝에 7개월만에 새롭게 단장된 파고다공원 전경 - 서울사진아케이브

1984년 65주년 3.1절을 맞아 재정비를 마친 파고다공원 정비 공사 준공식 모습 - 서울사진아케이브

파고다공원에서는 노인들을 위한 행사가 자주 열린다.

이 건물을 세우기 시작한 것은 1967년의 일로서 당시 서울시장이었던 김현옥이라는 사람이 도심부 재개발 사업의 일환으로 이행한 것이다. 앞에서도 본 것처럼 이 사업을 진행하면서 이 아케이드와 더불어 낙원 상가와 세운상가를 같이 건축한 것이다. 김현옥이라는 사람은 60대 이후 사람들에게는 꽤 친숙한 이름일 게다. 우리는 그가 하도 건설을 많이 해 불도저 시장이라고 불렀던 것을 기억하는데 역대 서울시장 가운데에 이 사람의 인상이 가장 강렬하다. 그것은 그가 그만큼 일을 많이 했기 때문일 것이다.

어떻든 상황이 이렇게 되면서 악기상들이 점점 낙원 상가 안으로 모여들기 시작했는데 악기 상가는 1980년대 이후에 성황을 맞이한다. 1982년에 야간 통행금지가 해제되면서 카바레나 나이트클럽 같은 유흥업소들이 성수기를 맞이했기 때문이다. 그 전까지는 밤 12시부터 새벽 4시까지 길을 다니지 못하게 했는데 그 법을 없애버린 것이다. 나도 그 시대를 살았지만 사실 그때에는 불편함을 별로 느끼지 못했다. 으레 그런 건가 보다 하면서 별 의문을 갖지 않았다. 독재에 길들여 있어 아무 의문도 갖지 않았던 것이다. 그러나 지금 생각해보면 이게 얼마나 국민들을 옥죄는 정책이었는지는 더 이상 설명이 필요 없을 게다. 어떻든 당시에는 술집이나 클럽에서 실컷 놀다가도 12시까지 집에 가려면 11시에는 일어나야 했다. 그 시간이면 한창 달아오를 시간인데 집에 가야 하니 아쉽기 짝이 없었을 것이다. 그래서 아예 12시에 문을 걸어 잠그고 4시까지 영업하던 나이트클럽(당시 말로는 '고고장')도 있었다는데 그런 데를 가보지 않은 나로서는 그 사정을 잘 모른다. 어떻든 그러다 통행금지가 없어지니 카바레나 나이트클럽, 요정 등에서 밤새 놀 수 있었고 그 자연스러운 결과로 악사(그리고 악기)에 대한 수요가 급증한 모양이다. 그렇게 해서 낙원 악기상가는 성수기를 누리게 된 것이다.

그러나 상황이 계속해서 좋았던 것은 아니다. 낙원 악기 상가의 위기는 1990년대 초에 찾아온다. 그 유명한 한국 전역에서 일어난 노래방 습격사건 때문이다. 1990년대 초 한국에는 일본으로부터 노래방 기계가 수입된다. 이 사건은 그 후 한국인들의 음악문화를 송두리째 바꾸어 놓았다. 흡사 이 기계가 발명되기만 기다렸던 민족처럼 한국인들은 노래방 기계에 열광했다. 노래방 기계가 전국을 뒤덮는 데에 걸린 시간은 불과 6개월이었다. 그 후 한국인들은 노래방을 사랑방 드나들 듯이 찾아다녔고 환갑잔치 같은 큰 잔치를 할 때에는 반드시 이 기계를 가져다 놓고 노래를 불러댔다. 강남에 있는 많은 룸살롱도 같은 운명이었다. 이전에는 당연히 기타리스트가 반주하던 것을 노래방 기계가 대신하게 되었던 것이다. 그러니 악사에 대한 수요가 눈에 띄게 줄었고 악기에 대한 수요도 크게 줄었다. 낙원 악기 상가에 위기가 닥친 것이다.

허리우드 극장의 변신 게다가 2000년대에 들어오자 이 건물을 철거한다는 이야기가 나돌았다. 그러나 건물이 안전할 뿐만 아니라 보존할 가치가 있다는 평가가 나와 철거 계획은 사라졌다. 이에 위기감을 크게 느낀 상인들과 건물 관계자들은 의기투합해 상가를 살리는 프로젝트를 시작했다. 그 자세한 것은 여기서 논하지 않겠다. 왜냐하면 또 바뀔 수 있기 때문이다. 그러나 지금까지 변모한 모습을 보면, 우선 여기 있던 허리우드 극장부터 많은 변화가 있었다. 이 극장은 당시에 대한극장(1900석) 다음으로 큰 극장(1200석)이었다는데 한국 극장계가 변모할 때 다른 극장과 마찬가지로 작은 규모의 다수의 복합상영관으로 바뀐다. 이 극장은 당시 작은 규모의 3개의 상영관으로 바뀌었는데 그 뒤에도 영업이 시원치 않았던 모양이다.

그래서 이 극장은 다시 변신을 꾀해 2000년대 중반부터 예술영화만 상영하는 서울아트시네마나 필름 포럼 같은 영화 관련 단체들이 들어왔다. 그러나 이것들도 영업이 잘 안 됐던지 모두 자리를 옮겨가서 현재(2017년 6월)에는 노인 전용의 실버 영화관과 낭만극장, 그리고 넌 버벌(non-verbal) 공연장이 자리 잡고 있다. 이 넌 버벌 공연은 말 그대로 말은 전혀 하지 않고 몸으로만 하는 것인데 이전에는 댄스 뮤지컬 "사춤(사랑하면 춤을 춰라)"이라는 것이 장기 공연되더니 새로 가보니 다른 공연으로 바뀌었다. 그러나 이 단체들도 앞으로 어떤 변화가 있을지 모르니 현재의 상황에 대해 자세하게 밝히는 것은 피해야겠다.

2010년 실버극장 모습

노인 극장으로 바뀐 허리우드 극장

여기서 단연 관심을 끄는 것은 노인들을 위한 영화관이다. 어떤 뜻 있는 분이 노인들을 위한 영화관을 허리우드 극장 자리에 만들었다는 소식은 알고 있었지만 내 자신이 노인으로 생각해본 적이 없어 이곳에는 한 번도 가보지 않았다. 그러다가 수업의 일환으로 학생들과 같이 답사를 오게 되었으니 이 극장에 가지 않을 수 없었다. 상가에서 2, 3층 악기점을 둘러보고 그 김에 옛날 허리우드 극장에 대한 추억이 생각나 아무 생각 없이 한 층 더 올라가보았다. 실버 극장이라고 해서 우중충하겠지 하는 생각과 함께 별 기대 없이 올라갔다가 나는 그만 깜짝 놀라고 말았다. 사진에서 보는 바와 같이 극장은 아주 깨끗하게 정돈되어 있었고 내게도 반가운 옛 영화 포스터들이 즐비해 기분이 좋았다.

영화관 안으로 들어가 보니 내부도 아주 깨끗했다. 그러나 영화는 보지 못했다. 답사가야 할 장소가 많이 남아 있어 거기서 한가하게 영화를 볼 수는 없었기 때문이다. 노인 영화관은 두 개로 되어 있는데 실버영화관과 낭만극장이 그것이다. 이것을 왜 둘로 나누었는지는 잘 모르지만 이전에 3개의 영화관이 있어 그것에 맞춘 것이라는 생각이 든다. 그런데 이 두 영화관은 표 값에서 약간 차이가 있었다. 실버영화관은 55세 이상은 2천 원이었고 낭만극장

4층에 있는 공연장 '멋진 하늘'

은 50세 이상은 2천 5백 원을 받고 있었다. 나는 내가 늙었다는 생각은 전혀 안 했고 지금도 하지 않는데 그곳에 가보니 내가 실버(?)로 분류되어 어떤 극장을 택하든 할인을 받을 수 있었다. 그 때문에 그 극장에 갔을 때 기분이 이상했던 기억이 아직도 없어지지 않는다. 언제 한 번 영화 보러 다시 가보아야겠다는 생각은 있지만 그게 언제가 될지는 모르겠다.

사실 이곳에 가서 놀라는 것은 이 영화관 때문만은 아니다. 승강기나 계단을 통해 경내로 들어가면 난 데 없이 멋진 공연장이 나타나서 먼저 놀란다. 이곳은 이름 하여 아트라운지 '멋진 하늘'이라는 공연장이다. 옥외 공연장으로

실버영화관에서 본 인사동 광경

간단한 무대와 잔디가 깔려 있어 아주 인상 깊었다. 100석 규모라는데 따로 의자는 없었고 밤에 오면 참으로 환상적이겠다는 생각이 들었다.

이런 공연장이 들어선 것은 모두 이 상가를 살리기 위한 프로젝트의 일환으로 진행된 것인데 일단은 꽤 성공적인 것처럼 보였다. 이곳에서는 지금도 재즈나 클래식 등 여러 장르의 음악이 공연되고 있는데 공연할 때에 와보지 못해 아쉽다. 이곳을 떠나기 전에 볼 곳은 4층에서 바라본 인사동 광경이다. 밑으로 인사동 거리가 보이고 오른쪽으로는 호텔이 있는데 아주 정돈된 모습은 아니지만 인사동의 한

부분을 그런 높이에서 볼 수 있는 곳이 별로 없다는 점에서 이 지점을 추천하고 싶다. 이 4층에는 녹음실도 있는데 내가 음악을 녹음할 일이 없으니 그 안에 들어가 본 적은 없다. 단지 밖에서 바라만 보았는데 대여료가 비싸지 않아 많은 사람들이 활용한다고 한다. 녹음실은 극장 쪽에 몇몇 개가 있었는데 건물 안으로 더 들어가 보니 대부분 악기상의 사무실이었다.

녹음실 같은 여러 가지 시설이 생긴 것은 앞에서 말한 것처럼 모두 이 상가를 살리기 위한 프로젝트의 일환이다. 최근에 내가 우쿨렐레를 하나 사려고 검색을 해보니 파는 장소가 이 상가의 4층인가 5층으로 나왔다. 악기 가게가 2, 3층에만 있는 줄 알았는데 4, 5층에도 있는 모양이라고 생각하고는 그곳에 직접 가보았다. 그랬더니 이곳에는 판매대(쇼 윈도우)가 있는 악기 가게가 아니라 그 가게들의 본사 격인 사무실들이 모여 있었다. 나는 2, 3 층이야 숱하게 다녀봐서 무엇이 있는지 알고 있었지만 4, 5층에 악기 가게의 사무실들이 있는 것은 그날 처음 알았다. 내가 가려던 사무실에 들어가 보니 악기를 수리하기도 하고 팔기도 했다. 무사히 우쿨렐레를 사 가지고 2층으로 다시 내려왔는데 그 이유는 만돌린 가격도 알아보고 멜로디언을 사기 위해서였다.

모두들 옛 추억을 찾아 낙원 악기 상가로! 내가 이렇게 내 개인적인 경험을 시시콜콜하게 말하는 이유는 이 낙원 악기 상가가 다시금 주목받는 데에는 나 같은 사람이 있기 때문이라는 것을 말하려 함이다. 이 상가는 앞에서 말한 것처럼 환골탈태(換骨奪胎)하면서 (서양 대중)음악 하는 사람들을 큰 힘으로 흡입했다. 음악 하는 사람들이 나이를 불문하고 이곳에 왔는데 그들이 관심 있는 분야는 세대 별로 조금씩 달랐다. 나 같은 60대 이상은 젊었을 때 했던 음악을 추억하기 위해 이곳에 온다. 나는 고등학생일 때부터 기타를 쳤는데 그때 음악 시험을 보느라 만돌린을 배운 적이 있었다. 만돌린을 배운 학원은 지금도 종로 2가 YMCA 옆 건물에 있는 그 유명한 세기음악학원(지금은 이름이 세기종합실용음악학원)이었다. 따로 강사는 없었고 기타를 가르치던 분이 만돌린을 가르쳐 주었는데 그 강사의 얼굴이 아직도 생각나니 신기하기만 하다. 나는 그때 배웠던 만돌린 소리를 잊지 못해 악기를 보러 온 것이다.

내게 그런 추억이 있는 악기는 또 있다. 멜로디언을 사러간 가게에서 지나가는 말로 주인에게 '열두 줄'짜리(12현) 기타가 있냐고 물어보았다. 사람들은 열두 줄짜리 기타라고 하면 생소할 것이다. 그러나 1970년대에 처음으로 접했던 이 기타 소리를 나는 잊지 못한다. 특히 양희은의 노래 '아침이슬'을 김민기와 함께 반주한 가수 이용복의 열두 줄 기타 소리를 잊지 못한다. 지금 내가 거론한 가수들에 대해서 아마도 젊은 세대들은 양희은만 면식이 있을 것이다. 그러나 60대 이상 중 대중가요에 관심 있는 사람은 이 세 사람을 잘 알 터인데 주제가 이쪽으로 빠지면 안 되니 여기서 줄여야겠다.

나는 아무 기대하지 않고 열두 줄짜리 기타의 유무에 대해 물었더니 주인이 10~20년 동안 못 팔고 있던 열두 줄짜리 기타 하나를 보여주었다. 이 악기는 그동안 무관심 속에 팔리지 못했던 터라 구석에 먼지를 흠뻑 맞고 버려져

낙원 악기상가 내부

있었다. 사정이 그런지라 주인은 이 기타를 두고 꽤 싼 가격을 불렀다. 떨이 처리하겠다는 심산이었을 것이다. 팔리지 않아 자리만 차지하고 있는 기타를 웬 사람이 와서 사겠다고 하니 주인도 기분이 좋았을 것이다. 나도 웬 떡이냐 하면서 급히 그 기타를 샀는데 기타가 오래 되어서 문제가 좀 있었지만 연습용으로는 괜찮았다. 낙원 악기상가가 바로 이런 곳이다. 추억을 저렴한 비용으로 되살리는 곳이라는 것이다(만돌린은 값도 비싸고 손이 곱아서 사는 것을 포기했다).

그러고 보니까 나 같은 사람이 많은 모양이었다. 나이 들어 색소폰이나 아코디언 같은 악기를 배우러 오는 중장년층이 꽤 많다는 후문이다. 악기 배우는 사람은 이들뿐만이 아니라 30~50대도 있단다. 또 10~20대는 작곡과 음을 믹싱 하는 데에 필요한 '미디(midi)' 같은 기기를 사러 온단다. 이 믹싱 기기는 우리 같은 중년들은 다룰 줄 모르기 때문에 관심이 없지만 이 어린 세대들은 우리와 음악 하는 수준이 다른 모양이다. 음악을 재연하는 것으로 그치지 않고 한 걸음 더 나아가 음악을 만들고 있으니 말이다. 또 중국이나 동남아시아에서도 악기를 수리하러 여기까지 온다고 하니 이곳은 한국을 넘어 국제적인 명소가 되었다.

이처럼 이 낙원 악기상가는 성황을 이루고 있는데 악

기 가게만 330여개가 있다니 그렇게 말한 만도 했다. 앞으로 이 명성은 여간해서 스러질 것 같지 않을 느낌이다. 나는 이 근처에 가면 악기를 사지 않더라도 상가를 한 번 둘러보는 게 습관이 되었다. 추억에 젖어 좋고 갖가지 악기를 구경하고 있으면 기분이 좋아지기 때문이다. 없는 악기가 없을 정도로 악기가 넘쳐나는데 내가 멜로디언을 샀던 가게에서는 하프까지 여러 대 갖다 놓고 팔고 있어 놀랐다. 하프를 보면서 저 악기 한 번 연주하려면 용달차가 동원되어야 한다는 등 여러 이야기가 생각나 혼자 미소짓곤 했다.

이렇게 추억에 젖어 낙원 상가와 아파트에 있다 보니 익선동 자체를 잊은 느낌인데 사실 우리는 익선동 안으로 들어가지도 않았다. 악기 상가는 나처럼 악기에 지대한 관심이 있는 사람이나 오래 머물고 싶은 곳이지 음악이나 악기에 별 관심이 없는 사람들은 그다지 좋아하는 곳이 아닐 것이다. 그래서 이곳에 가게 되면 나는 학생들의 눈치를 보면서 서둘러 그곳을 빠져나온다.

1층으로 내려와서 이제 익선동 안으로 들어가려는데 독자들께 먼저 말하고 싶은 것은 길을 정확하게 안내하지는 않겠다는 것이다. 이곳은 골목이 아주 자유분방하게 나 있어 길을 설명하는 것이 원칙적으로 불가능하기 때문이다.

따라서 길을 자세하게 소개하는 것보다 크게 지역 별로 나누어 설명할까 한다. 아무리 내가 길을 설명해 보아야 직접 가보기 전에는 전혀 감이 잡히지 않기 때문에 그냥 지역별로만 설명하겠다는 것이다. 이 지역에 가고 싶은 사람들은 직접 가서 시행착오를 겪으면서 혼자 찾아다닐 수밖에 없을 것이다. 그러나 지역 자체가 넓지 않아 다니는 데에는 크게 어려움이 없다.

낙원 상가 근처를 배회하며 - 주로 식당을 보면서 낙원 상가 바로 옆에는 식당들이 즐비하다. 이 식당들에 대해서는 블로그를 찾아보면 다 나오니 여기서 세세하게 말할 필요 없을 것이다. 이 근처에서 가장 유명한 식당 중의 하나는 아구(아귀)찜 전문점인 통나무식당 아닐까 한다. 이 식당은 인기가 많아 갈 때마다 본점에서는 못 먹고 항상 2호점에서 먹곤 했는데 맛이 좋았다. 그 근처에 동네 주민들이 간다는 다른 아구찜 집에도 가보았지만 그 맛이 이 집의 아구찜 맛에는 미치지 못했던 것 같다(식당을 찾을 때 실수하지 않으려면 주민들이 가는 곳을 택하면 된다). 이 식당들이 파는 찜을 보면 모습들이 다 비슷한데 어디서 맛의 차이가 나는지 잘 모르겠다. 그런데 자세히 보니 우리가 갔던 집(2호점)은 통나무 식당 본점과 관계가 없단다. 이것은 나중에 알게 되었다. 본점 앞에 그렇게 쓰여 있었던 것을 발견한 것이다. 그 내막은 잘 모르니 더 조사해봐야겠다.

근처에 또 소개하고 싶은 식당이 있는데 영일 식당이 그 집이다. 이 집은 막회로 유명한 집으로 지금은 2대 째 하고 있다. 주인의 고향이 포항 쪽이라고 하니 그쪽 음식을 그대로 재현한 것이리라. 이 집은 음식을 다 마련해놓고 기다리는 모양이라 사람 수만 말하면 회가 금세 나온다. 이때 쓰는 생선들은 주인에게서 그 이름을 듣기는 했지만 지금은 다 잊었다. 생선회를 미역이나 파, 깻잎, 고추 등과 같이 싸서 고추장에 찍어 먹는 맛은 확실히 일품이었다. 그 외에도 돌문어나 백고동 등도 괜찮았다. 사람들을 이 식당에 처음 데리고 가면 실망하는 사람이 하나도 없었으니 괜찮은 식당으로 보아야 할 것이다. 그런데 유일한 단점은 막걸리를 안 판다는 것이다. 이유를 물어봐도 대답을 잘 안 해주니 모를 뿐이다. 하기야 날생선은 소주와 어울리지 막걸리는 아니다.

이 영일식당과 한 50m 정도밖에 떨어지지 않은 곳에 호반이라는 식당이 있다. 이 집도 한 콘셉트 하는 집이라 답사 다니면서 들렀는데 두 번이나 퇴짜를 맞았다. 손님이 많아 자리가 없었던 것이다. 이 집은 4명 이상 가려면 예약을 해야 한다는데 우리는 답사 갔다가 예약 없이 들렀으

통나무식당

니 퇴짜를 맞은 것이다. 그래서 다음번에는 아예 일찍 갔더니 자리가 있어 음식을 먹을 수 있었는데 문제는 이 집의 전공 음식을 먹을 수 없는 상황이었다. 나는 이 집에 와서 '서산강굴'이라는 음식이 있다는 것을 처음 알았다. 이것은 서산의 강굴이라는 것인데 '강굴'이란 아무것도 섞지 않은 굴의 살을 뜻한다고 한다. 그런데 이 음식은 9월부터 4월까지만 먹는 것이란다. 우리가 이 집에 간 것은 한 여름이라 이 음식을 팔지 않아 못먹었다. 하는 수 없이 순대와 병어찜을 시켰는데 순대도 좋았지만 병어찜이 아주 좋

영일식당과 막회

았다. 값이 3만 5천 원이라 조금 비싼 느낌이었는데 맛이 좋아 아직도 그 맛이 생각난다.

이 식당에는 또 가보아야겠다는 생각을 하지만 익선동 자체를 자주 가는 것은 아니기에 언제 가서 먹을지 아직 모를 일이다. 또 간다면 강굴 철을 맞추어 가야겠다는 생각이 커 병어찜은 언제 먹으러 갈지 요원하기만 하다.

식당 호반의 간판

마지막으로 이 가게에 대해 드는 의문은 이 가게의 간판이다. 이것을 보면 '호반 (구)호반'이라고 되어 있는 것을 알 수 있다. 이전 이름과 지금 이름이 같은데 왜 두 이름을 같이 써놓았는지 알 수 없었다. 이 질문을 품고 있다 마침 이 글을 교정하던 중에 이 식당에 다시 가게 되어 사장에게 이 질문을 던질 수 있었다. 그랬더니 사장의 답이 이 집은 이전에 다른 곳에 있다가 이전했는데 사람들이 자꾸 와서 그때 그 집이 맞느냐고 해서 그 호반이 이 호반이라고 밝히려고 간판을 이렇게 썼다는 것이다. 이렇게 대답은 들었지만 아직도 그 뜻을 잘 모르겠다.

어떻든 아주 오랜 만에 다시 찾은 이 식당은 여전히 음식이 훌륭했다. 주 요리는 말할 것도 없고 반찬 역시 수준급이었다. 같이 간 제자들이 부모님을 모시고 다시 오고 싶다고 하는 것을 보면 이 식당이 훌륭한 식당임을 알 수 있겠다.

이 호반 식당에서 그다지 떨어져 있지 않은 곳에 '종로찌개마을'이라는 식당이 있다. 크라운 호텔 앞쪽에 있는 골목 안쪽에 있는데 이 집은 검색을 하고 간 집은 아니었다. 근처를 지나가다 이 식당을 보니 콘셉트가 있는 것 같아 들어가 먹어보았더니 상당히 괜찮은 집이었다. 이렇게 예기치 않은 식당을 발굴하면 아주 기분이 좋은데 이 식당도 그렇게 찾아낸 식당이다. 그런데 나중에 검색을 해보니 나름대로 이름이 있는 식당이었다.

이 식당은 생선(명태)내장탕과 뽈찜을 주 전공으로 하고 있는데 이 둘 중에서 굳이 하나만 꼽으라면 내장탕이 더 대표적인 음식이라고 할 수 있다. 그래서 처음에 갔을 때 당연히 이 음식을 시켜 먹었는데 아주 좋았다는 느낌이 아직도 남아 있다. 가격대비로 볼 때 더 좋았다. 2~3 명이 간단한 술과 함께 마음껏 먹어도 3만원을 넘지 않으니 말이다. 사람, 특히 여성들 중에는 내장탕을 좀 꺼리는 경우가 있는데 그럴 때에는 대구탕을 시키는 것도 좋은 방법이다. 대구탕도 그 맛이 꽤 괜찮았던 기억이 있다. 이 집은 허름해서 실비집 같은 식당인데 음식을 '서빙'하는 모습은 전문적이라는 인상을 받는다. 무슨 탕이든 시키면 바로 사람 수에 맞춰 냄비가 나오기 때문이다. 미리 다 만들어 놓았기 때문에 즉시로 나오는 것인데 이런 신속함은 아마 한국 식당에서만 발견할 수 있는 것이리라. 지금 기억에 이 식당은 나이든 여성 자매가 운영하는 것 같은데 그들이 접대(서빙)하는 모습이 아주 능숙해 보기 좋았다.

그 다음은 순대국밥집 골목이다. 아구찜 집에서 탑골공원 쪽으로 가다보면 낙원 상가 계단 옆을 따라 이 골목이 나온다. 그 근처에 가면 돼지 냄새가 나서 순대국집이 많은 것을 금세 감지할 수 있다. 여기에 있는 식당들의 이름을 보면 흡사 8도의 순대국밥집을 다 모아놓은 것 같다. 강원도집, 광주집, 전주집, 충청도집 등으로 상호를 달아 놓았으니 마치 전국의 순대국밥집들이 다 상경한 것 같은 느낌을 받는다.

그런데 솔직히 말하면 나는 이 식당에 가서 음식을 먹어본 적이 없다. 이유는 간단하다. 우선 익선동까지 가서 아무데서나 먹을 수 있는 순대국밥을 먹고 싶지 않았기 때문이다. 이 순대국밥은 서울 시내 어디서고 먹을 수 있으니, 또 맛있는 곳도 많이 있으니 귀중한 한 끼를 여기서 순대국밥으로 해결하기 싫은 것이다. 간식은 여러 번 할 수 있어 문제가 없지만 끼니는 한 번밖에 할 수 없으니 식당 선정에 항상 만전을 기한다.

그 다음 이유는 이 식당들이 조금 허름하다는 것을 들 수 있다. 그래서 값도 싸다. 순대국밥이 4천 원밖에 안 한다. 그런 탓에 나이든 사람들이 많이 이용한다. 가격대비로 하면 최고인 셈이다. 여기에 막걸리 한 통이면 정말로 훌륭한 한 끼가 되는 것이다. 그런데 나는 이 지역을 거의 여 제자들과 가게 된다. 이 친구들은 이런 식당하고는 잘 맞지 않는다. 나이도 그렇고 분위기도 젊은 여성들과는 어울리지 않는다. 그래서 이 지역은 그냥 지나가면서 안을 훑어볼 뿐 들어가서 먹을 생각은 하지 않았다.

조선물산장려회 회관인 건양사 터에서 이 골목을 다 지나 왼쪽으로 틀면 네이버 지도에도 나오는 유진식당이 나온다(사실 앞에서 소개한 음식점 중 호반 빼고는 모두 네이버 지도에 나온다). 이 유진식당 역시 꽤 이름이 있는 식당이다. 그런데 그곳을 가기 전에 그냥 지나치면 안 되는 곳이 있어 잠깐 거론해야겠다. 골목 끝으로 가면 탑골공원이 나오는데 그 주변에 정세권이 세운 부동산 개발회사인 건양사(建陽社)가 있었다. 지번으로는 낙원동 300번지. 여기에 약 100년 전에 건양사 사무실로 쓰던 4층 건물이 있었는데 당시 서울에는 이 정도로 높은 건물이 거의 없었다는 이야기가 있다.

내가 이 건물과 여기에 얽힌 이야기를 소개할 수 있는 것은 앞서 인용한 김경민 교수의 연구에 힘입은 바가 크다. 이 회사에 대해 김 교수는 "건양사는 디벨로퍼이면서 자체적으로 설계팀과 시공팀을 갖춘 건설 업체임과 동시에 중개업 영역까지 확보한 부동산의 모든 영역을 수직적으로 통합한 회사였다."[25]라고 밝히고 있다. 김 교수의 글을 직접 인용한 것은 역시 전문가가 종합한 의견이 가장 간결하고 정확하다고 생각하기 때문이다.

25) 김경민, "그는 어떻게 10년 만에 부동산 재벌이 되었나?". 프레시안 2015년 9월 30일 자

이 건물이 중요한 것은 이것이 단순히 건설회사의 사무실에 그치는 것이 아니라 일제기의 역사와 관계되기 때문이다. 정세권은 이 건물을 조선물산장려회의 본부 건물로 쓰게끔 쾌척했다. 조선물산장려운동은 잘 알려진 것처럼 일제의 경제 침탈이 가속화되자 조선의 경제권을 지키자는 취지로 일으킨 운동이다. 조선의 경제가 일본에 종속되는 것을 우려한 지사들이 1920년부터 일으킨 운동이다. 이 운동의 구호는 요즘말로 하면 조선 사람은 조선의 물품을 사자는 것으로 요약될 수 있겠다. 이 운동은 1923년에 서울에서 조선물산장려회를 조직하면서 활발해지는 듯 했는데 1년도 안 돼 그 기세가 꺾였다고 한다. 극심한 재정난과 세력 분열로 침체기에 빠진 것이다. 이데올로기를 달리 하는 여러 집단이 모여 만든 단체라 분열되는 것은 어쩔 수 없는 일이었는지 모른다.

그렇게 지리멸렬하게 지속되던 장려회는 1929년에 정세권이 이 회의 이사로 취임하면서 면모가 달라진다. 이때 그가 한 대표적인 일이 장려회의 본부를 이 건양사 건물에 둔 것이다. 그가 장려회의 본부를 처음부터 이 건물에 둔 것은 아니었다. 이 건물의 완공이 1931년 9월의 일이었다고 하니 장려회가 들어온 것은 이 이후가 되겠다. 그런데 더 재미있는 것은 이 건물은 원래 건양사의 사무실로 지은 것이 아니라는 것이다. 원래는 장려회의 회관으로 짓기로 하고 그 공사를 건양사가 맡았는데 공사비가 들어오지 않아 그 건물이 건양사의 소유가 된 것이다. 회원들로부터 기부금을 받아 건설비를 충당하려 한 것인데 돈이 걷히지 않은 것이다. 그러니 자연스럽게 그 건물이 건양사 것이 된 것인데 돈을 받지 않았음에도 불구하고 장려회의 본부를 이곳에 둔 것은 정세권의 배려였다. 건설사가 건축비를 다 충당하고 그 건물을 건물주(장려회)에게 양도했으니 대단한 것이다. 그래서 한용운은 한 잡지(『장산』)에 이러한 정세권 씨에게 감사하라는 글을 쓰기도 했다.

건물이 완공되고 난 뒤에 건물의 1층에는 장려회가 파는 물건을 판매하는 상점을 두고 2층에는 회의실을 두었다. 물론 장려회가 전체를 쓴 것은 아니고 건양사와 분할해 썼다. 건물 소유가 건양사로 되었으니 이렇게 나누어 쓴 것은 당연하다 하겠다. 어떤 집단이 성공하려면 그 집단이 사용할 수 있는 공간이 있어야 한다. 그런데 그동안 사무실이나 상점으로 사용할 수 있는 공간이 없던 장려회를 위해 정세권이 이런 공간을 제공한 것은 이 집단의 융성에 큰 영향을 미친 것이라고 보아야 한다. 게다가 이 건물이 어떤 것인가? 당시 서울에서 가장 높은 건물 중의 하나라고 하지 않았는가? 지금으로 치면 63빌딩이나 코엑스

건양사 옥상에서 찍은 정세권 가족사진

빌딩 정도에 해당한다고나 할까? 그런 건물에 사무실을 둔다는 것은 이 장려회에게는 여간 영예롭고 도움 되는 일이 아니었을 것이다.

정세권이 한 일은 단지 사무실 공간만 빌려준 데에서 그치지 않는다. 이런 모임이 돌아가려면 막대한 자금이 필요한 법인데 회비나 광고비를 비롯해 이 회의 운영에 필요한 돈이 제대로 모이지 않았던 모양이다. 그런 현실을 타개하고자 정세권은 건양사를 운영해서 번 돈 가운데 막대한 부분을 이 장려회에 쏟아 부었다. 앞에서 인용한 김경민 교수의 계산에 따르면 이 장려회의 운영비 가운데 2/3 정도는 정세권이 담당한 것이라니 그의 기여 정도가 얼마나 큰 것인지 알 수 있다. 그런데 그럼에도 불구하고 내분은 그

북촌에 위치한 조선어학회 터

치지 않았던 모양이다. 그런 진통 끝에 1932년에 장려회가 회관을 이전하기로 결정하면서 정세권은 장려회와 이별하게 된다. 물론 이사직을 사임한 것은 아니지만 이전처럼 적극적으로 관여하지는 않게 된다.

그는 이 장려회에 과도하게 재정지출을 하고 또 조선어학회에도 엄청난 재정적 기여를 하면서 사세가 기울어지는 파국을 맞이한다. 장려회도 그 뒤 계속 위축되다가 1940년에 이르러 조선총독부에 의해 해산되게 된다. 이처럼 장려회의 활동에는 정세권의 중추적인 역할이 있었음에도 불구하고 역사책에는 그에 대한 언급이 없어 안타까운 마음을 지울 길이 없다.

이곳은 이처럼 역사적으로 매우 중요한 곳임에도 불구하고 지금은 그런 흔적을 찾을 수가 없다. 대신 여러 사람들이 모여 먹고 마시는 장바닥처럼 되어 있다. 이 건물이 헐린 것은 앞에서 본 것처럼 이곳에 파고다 아케이드를 지으면서 그곳을 정비할 때인 것으로 추정된다. 정세권의 막내딸의 증언에 따르면 서울시에서 이 건물을 헐 터이니 마지막으로 사진이라도 찍으라고 했다는데 이때 사진을 찍었는지는 잘 모르겠고 적어도 나는 이 사진을 본 적이 없다.

이 건물에 대해 마지막으로 언급할 것이 있는데 이 건물에 한국건축사상 처음으로 옥상정원이 만들어졌다는 사실이다. 이 건물은 건양사 소유라 3층은 정세권 가족이 살고 옥상에 가족들이 쉴 수 있는 정원을 만든 것이다. 옥상 정원이라는 것은 요즘 들어와서야 인기가 생겨 이것을 만드는 건물이 생겨나고 있지만 정세권은 벌써 이때 이런 개념을 실현했으니 대단한 예지자가 아닐 수 없다. 그러나 앞서 말한 것처럼 정세권은 많은 지출과 일제에 의해 재산을 빼앗기는 불운을 겪으면서 이 건물을 계속해서 유지하지 못하고 이사를 가게 된다. 훨씬 작은 집으로 이사 갔던 것인데 정세권은 이처럼 나라와 민족을 위해 일했고 9번이나 투옥되었는데 우리의 역사는 그를 제대로 평가하고 있지 못하고 있다. 이곳에 오면 그를 생각하는 시간을 가졌으면 하는 바람을 가져보면서 그에 대한 회고를 여기서 끝내야겠다.

또 다른 식당을 찾아서 이제 본격적으로 익선동으로 들어가려고 하는데 그 전에 이 건양사 터 바로 옆에 있는 유진식당에 대해 한 마디라도 하지 않고 지나칠 수 없겠다. 이 식당은 서울에 있는 평양냉면 집 가운데에서도 꽤 유명한 집이라는데 그 사실을 알기 전에는 이 식당을 전혀 주목하지 않았다. 익선동에 가서 이 앞을 몇 번이고 지나쳤지만 들어가 먹을 생각을 하지 않은 것이다. 그렇게 된 이유는 이 식당이 너무나 허름했기 때문이다. 사진에서 보는 바와 같이 이 식당의 겉모습은 싸구려 동네식당처럼 보인다. 그런데 식당 앞에 사람들이 줄을 서 있기에 검색해 보았더니 예사 식당이 아니었다.

그래서 바로 제자들과 이 식당을 찾았는데 우선 동네 식당처럼 값이 싸서 놀랐다. 이 집의 주 전공인 냉면이 7천 원이었고 설렁탕은 4천 원에 불과했다. 또 녹두지짐이나 돼지 수육도 6천 원밖에 안 했다. 사실 나는 냉면 같은 국수에 7천 원이라는 가격은 싸지 않다고 생각하는데 다른 유명한 집들은 1만 원 이상을 받으니 이 집은 저렴하다 하겠다. 이런 식당에 가면 우리는 가능한 한 많은 음식의 맛을 보아야 하기 때문에 몇 가지를 골라 시켰다. 낮이라 술을 하기는 일러서 수육은 못 시키고 냉면과 설렁탕과 지짐을 시켜보았다. 이 중에서 특히 냉면에 집중해서 맛을 보았는데 당연히 수준급이었지만 솔직히 말해 이 집만의 특유한 맛은 느끼지 못했다. 그래서 다시 한 번 와서 천천히 먹어보아야겠다는 생각을 갖고 그 집을 나서려 하는데 마침 국수를 뽑고 있기에 사진도 찍고 구경을 하다 나왔다. 이 집이 동네 식당처럼 보이는 것은 식당 전면에 국수 뽑는 기계가 있고 전을 지지는 팬이 있기 때문이다.

이 근처에 또 이름난 식당은 한참 전에 언급한 '소문난

유진 식당과 냉면

집'으로 주 음식인 국밥이 2천 원이라고 했다. 간판에는 이와 더불어 '60년 전통 송해의 집'이라고 되어 있어 그 유구한 역사를 알게 해준다(이 근처에는 '송해길'도 있다). 이 근처에 이발관이 많다는 사실도 이미 언급했다. 그 값은 앞서 말한 바와 같이 이발에 3천 5백 원을 받고 염색에 5천 원을 받는다. 이 근처를 다니다 보면 항상 염색하는 이들이 머리에 비닐 모자를 쓰고 염색이 끝나기를 기다리는 모습을 쉽게 볼 수 있다. 그럴 때 마다 저 돈 받아가지고 장사가 될까 하고 걱정을 해보는데 다 수지가 맞아 하는 것일 테니 내가 걱정할 일은 아니겠다.

낙원동은 민간 연예 사업의 본산지? 이렇게 이 주변을 돌아다녀 보면 이상스레 국악과 관계된 단체들이 많이 포진해 있는 것을 알 수 있다. 여기 사진을 보면 전부 국악 관계 단체들의 간판이라는 것을 쉽게 파악할 수 있다. 판소리, 민요, 타악, 악기 판매점 등 매우 다양한 악기 관련 단체가 집중적으로 모여 있다. 그 중에서 가장 명망 있는 단체를 꼽으라면 '월하문화재단'을 들 수 있을 것이다. 위치는 그 소재지를 설명해봐야 가보지 않고서는 알 수 없으니 그저 앞에서 본 아구찜 집 근처라고만 하자. 이 재단을 세운 사람은 말할 것도 없이 시조나 가곡 등 정가의 대표적인 인물인

김월하 선생이다. 그는 1991년에 이 재단을 세워 많은 후학들에게 등록금을 지급하는 등 정가 발전에 큰 공을 세운 분이다(1996년 타계). 그 후학 가운데에는 나와 같은 학교에 있던 홍종진 교수도 있다.

이곳에 국악 단체들이 많이 생긴 이유는 추측이지만 일차적으로 일제기에 운니동에 '이왕직 아악부'가 있었던 것과 관련이 있을 것이다. 이 기관은 조선조와 일제기에 왕실음악을 담당하던 곳으로 지금은 그 맥을 국립국악원이 잇고 있다. 그 위치를 정확히 보면 현재 삼환빌딩이 있는 곳이 그 자리이다. 이 기관이 1920년대 중반에 이곳에 들어서면서 이 지역이 국악과 관계가 깊어지게 되었을 것이다. 그 영향으로 지금 돈화문 앞거리는 국악의 거리로 명명되고 창덕궁 바로 앞에는 돈화문 국악당이 생기게 된 것이리라. 또 그 주변에는 국악기를 파는 상점도 심심치 않게 발견되고 무형문화재들의 강습소도 더러 있다.

이런 탓으로 생각되는데 이곳에는 한복을 파는 집이 많이 있다. 특히 재미있는 것은 쇼윈도가 있는 한복집이다. 이런 집은 한복만 파는 것은 아니고 혼수를 같이 파는데 내가 아주 재미있게 본 것은 쇼윈도에 있는 여자 마네킹이다. 이 마네킹들은 하나 같이 춤을 추고 있는 모습을 하고 있다. 여느 한복집 같으면 정숙하게 서 있을 텐데 이곳의 마네킹들은 춤

국악관련 단체 간판들

추는 모습을 하고 있는 것이다. 이런 모습을 통해서도 우리는 이곳이 국악과 관계가 깊은 곳이라는 것을 알 수 있지만 이 한복집들은 아마 요정과도 관계가 깊을 것이다.

나중에 다시 보겠지만 이 지역은 요정 문화가 대단히 성행했던 곳이다. 이곳은 서울에서 요정이 가장 많았던 것은 물론이고 최근까지 요정이 남아 있었는데 이 근처에는 요정과 관계되는 집들이 많이 생겨났다. 이 한복집들이 요정에서 일하던 '기생'이라 불리던 여성들이 애호하던 곳이었을 것이라는 것은 능히 짐작할 수 있을 것이다. 따라서 이 지역에 국악 관련 집단들이 많은 것은 요정 문화와 관계가 있을 것 같은데 확실히 단정할 수는 없다. 그러나 상식적으로 생각해보면 그보다는 이 지역이 한국의 전통 연예사업과 관계가 깊어 그와 관련된 집단들이 많이 들어온 것 아닌가 하는 생각이 든다. 조선말부터 이 지역에 이 나라의 연예를 담당하는 기관들이 들어서면서 그에 상응하는 시류나 감성이 이곳에 흐르게 되고 그에 걸 맞는 단체나 기관, 혹은 상점들이 들어선 것이라는 것이다.

사실 우리는 아직 낙원동에 있다. 익선동 안으로 들어가지 못한 것이다. 익선동에 들어가지도 않았는데 이렇게 이야기거리가 많은 것이다. 이것도 이야기를 많이 줄인 것인데 이렇게 세세하게 보다 보면 정작 익선동 갈 시간을 놓칠 수 있으니 아쉬운 마음을 남기고 익선동 안으로 들어가 보자.

손을 벌리고 춤추는 자세를 하고 있는 마네킹인형

익선동 안으로

보통 익선동 166번지로 불리는 이곳은 한 지번으로 되어 있는 필지치고는 크다. 이렇게 된 이유는 이곳이 누동궁이 있었기 때문일 것이다. 그러나 크기로 볼 때 이곳은 그리 큰 지역은 아니다. 골목 너덧 개 있는 것이 전부이다. 나는 이 지역을 2015년부터 집중적으로 다녔는데 그때에는 정말로 변변한 가게가 없었다. 지금은 주민들이 별로 살고 있는 것 같지 않은데 그때에는 꽤 많은 주민들이 살고 있었고 집은 상당히 낙후되어 있었다. 김경민 교수의 『리씽킹 서울』이라는 책을 보면 이곳은 앞에서도 본 것처럼 북촌과는 달리 작은 한옥들이 많은 것을 알 수 있다. 그 크기는 10평형에서 50평형대까지 있는데 일반적으로는 30평형 이하의 작은 집이 주류를 이루고 있다. 그래서 이곳에서 골목을 다니다 보면 조잡하다는 느낌이 들기도 하는데 그것은 그동안 집에 손을 대지 않아 전체적으로 낙후되었기 때문일 것이다.

이곳은 갈 때마다 보면 새로운 가게가 들어서는 등 변화가 심하다. 그런데 그렇게 바꾸니까 조잡하게 보이던 한옥이 예쁘고 아담하게 새로 태어나기는 한다. 그렇다고 문제가 없는 것은 아니다. 생기는 집이라는 게 앞에서 말한 것처럼 전부 서양 음식이나 서양 차 파는 데이거나 서양 액세서리 같은 것을 파는 곳뿐이기 때문이다. 그래서 나처럼 전통을 아끼는 사람들이 보면 슬그머니 울화가 치밀기도 한다. 얼마 남지 않은 한옥에서 기껏 서양 것만 소비하고 있으니 하는 말이다.

그러나 이러한 현실을 이해하지 못할 바는 아니다. 젊은 사람들도 한옥이 예쁘고 좋다는 것은 안다. 그래서 그런 고전적인 장소에서 자신들이 즐기는 서양 차나 음식을 먹고 싶은 것이다. 서양 영화를 보면 아주 오래된 집에서 식사하는 장면이 자주 나오는데 우리 젊은이들도 그런 고전적인 품격을 누리고 싶은 것이다. 그렇게 생각하면 이 같은 젊은이들의 취향은 아무 문제가 없는 것으로 보인다. 이것은 일제기에 지식인들이 옛 건물에서 양풍을 한껏 즐기던 것과 다르지 않다. 젊은이들의 이러한 성향을 이해는 하지만 나는 이런 집에 들어가 차나 음식을 먹어본 적이 없다. 이럴 때 내가 제자들에게 하는 말은 항상 똑 같다. 그 돈이면 막걸리에 빈대떡을 사먹지 그런 곳에 앉아서 폼 잡을 일 있느냐고 말이다.

나는 이런 가게들에 대해서는 다루지 않을 것인데 그 이유에는 지금 말한 것도 포함되지만 다른 이유도 있다. 이런 집들은 언제 없어질지 모르기 때문에 섣불리 다룰 필요가 없다고 생각하기 때문이다. 그렇지 않은가? 이런 집들은 장사가 안 되면 바로 닫아버릴 터이니 공연히 여기서 다루었다가 낭패를 볼 수 있다는 생각이다. 그럼에도 불구하고 반드시 언급이 필요한 가게는 간단하게 설명 하려 한다. 이제 이 지역으로 들어가려는데 어느 쪽으로 들어가는 것이 좋을까?

이른바 '중앙로'에서 익선동으로 들어가는 길이 많이 있지만 처음 가는 사람은 이 중앙로로 불리는 곳으로 가는 게 제일 나을 것이다. 이 길은 종로 세무서 쪽에서 들어가면 곧바로 만날 수 있다. 이 길은 중앙로라는 이름으로 불리지만 사진에서 보는 것처럼 작은 골목길에 불과하다. 이 길이 중앙로로 불리는 것은 아마도 이 길부터 개발이 시작되었기 때문일 것이다. 내가 2015년에 갔을 때에도 이 길에는 가게가 거의 없었다.

종로 골목의 옛모습(서울시 제공)

이 이전에 생긴 것은 2009년에 생긴 '뜰안'이라는 카페밖에 없었고 지금은 유명 업소가 된 카페 '식물'과 '거북이 슈퍼'가 각각 2014년과 2015년에 만들어져 있을 뿐이다. 그리고 사진에서 보이는 바와 같이 세탁소가 최근까지 건재했는데 지금은 향기 나는 물건(속칭 '디퓨저')을 만들고 파는 공간('아씨방앗간')으로 바뀌었다.

이 가운데 뜰안은 역사도 꽤 됐고 중앙로 바로 입구에 있어 잠깐 언급할 만하다. 이 집은 익선동 상권의 시조라는 의미에서 다룰 만하다. 이 집은 25평의 아담한 한옥으로 건물의 역사가 100년쯤 되었다고 하는데 그 역사는 조금 부풀려진 것 같다. 왜냐하면 앞에서 본 바와 같이 이곳은 정세권이 1930년대에 들어와서 개발을 시작했으니 한옥을 아무리 빨리 지었다고 해도 100년 이전이 될 수는 없기 때문이다. 그러나 내가 이 집의 역사를 확실하게 아는 것은 아니니 단정적으로 말할 수 없겠다. 이 집을 산 이(김애란)는 오래된 한옥에 작고 예쁜 마당이 있어 그에 반해 건물을 구입해 찻집으로 꾸몄다고 알려져 있다.

그런데 그때에는 아직 익선동이 알려지기 전이라 손님이 적었던 모양이다. 그러다 개업한지 1달도 안 되어 어떤 손님이 왔는데 이 집의 서까래에 반해 이 집을 배경으로 영화를 만들겠다고 결심한다. 그 일이 가능했던 것은 그

개수 중인 한옥. 이렇게 개수하면 보통 카페나 서양 음식 파는 식당이 된다.

손님이 바로 영화감독이었기 때문이다. 그런 인연으로 이 감독은 이 집을 무대로 하는 '카페 서울'이라는 한일합작 영화를 찍었단다. 이 영화는 남성 중창단인 UN의 김정훈이 배우로 데뷔하는 영화였다고 하는데 이 영화를 보지 못한 나로서는 이 영화에 대해서 무엇이라고 할 말이 없다. 어찌 됐든 그 이후로 일본 관광객들이 방문하는 등 유명세를 타면서 이 집은 자리를 잡게 되었고 그 인기는 지금까지 이어지고 있다. 나도 답사 끝에 힘들어 이 집에 들어가서 한 번 차를 마신 적이 있다. 그때 이 집이 다른 전통찻집과 다른 바는 크게 느끼지 못했지만 익선동에서 그나마 전통 차를 팔고 있는 집이 있어 다행이라는 생각을 했던 기억이 난다.

그런가 하면 그 바로 지척에 있는 카페 '식물'도 이곳에서는 그래도 오래된 축에 속하는 명소인데 나는 노상 이 집을 지나치기만 하고 들어가 보지는 못했다. 이 집은 한옥 3채를 터서 만든 모양인데 들어가 보지 못한 나로서는 그 인테리어에 대해 무엇이라 말할 수 없다. 이런 곳은 젊은 남녀들이 데이트할 때나 가는 곳이지 연애와는 관계 없는 나 같은 중년이 들어가 있기는 좀 무안한 곳이다. 게다가 의자가 아니라 그냥 바닥에 앉는 곳도 있는데 그런 데에는 이제는 다리가 아파 제대로 앉아 있지도 못하니 이래

중앙로

중앙로 입구에 있던 세탁소(지금은 다른 가게로 바뀌었다)

저래 가기 힘든 곳이 되었다. 검색을 해보니 이 집은 유럽에 거주하다 돌아온 어느 사진작가(루이스 박)가 만들었다고 한다. 전해오는 이야기에 따르면 그는 한국도 유럽처럼 소득이 높아지면 전통을 중시여길 것이라는 것을 간파하고 아직 상권이 발달하지 않은 익선동에 창업을 결정했다고 한다. 그의 예상은 적중했고 지금은 익선동에 오면 반드시 가야할 집으로 여겨질 정도이다. 그래서 주말이면 대기자 명단에 이름을 올려놓고 한참을 기다려야 한단다.

이 식물이 문을 연 후 중앙로에는 '거북이 슈퍼'라는 동네 슈퍼 같은 집이 생겼다. 나는 이 집이 생기고 얼마 안 되어서 이곳서 맥주를 두어 병 먹은 적이 있다. 막걸리도 팔지 않는 그런 집에 들어갔던 이유는 사진에서 보는 것처럼 그곳이 아주 재미있게 생겼기 때문이다. 무너진 한옥 담을 있는 그대로 사용하고 있었는데 우리가 앉았던 곳은 유리 케이스로 막은 마루 같은 곳이었다. 그 자리가 재미있어 그 집에 들어간 것인데 그 집에서는 맥주와 함께 특이하게 과자나 소시지 같은 주전부리할 수 있는 것을 팔고 있었다. 그 주인(박지호)에게 어떤 생각으로 이 집을 열었느냐고 물었더니 지방에 있는 동네 슈퍼에서 과자 사먹고 맥주 먹던 추억을 되살리기 위해 이 집을 이렇게 만들었다고 답했다.

나중에는 안주도 다양해져 먹태, 오징어, 육포 등 육류 안주도 팔았는데 내가 처음에 이 집에 왔을 때 전주에서 들어가 본 이른바 '가맥' 집이 생각났다. 가맥은 '가게 맥주'의 준말로서 (동네) 슈퍼 가게에서 맥주와 간단한 안주를 파는 집을 말한다. 내가 전주에서 이런 집을 가본 것도 10년을 훌쩍 넘는 꽤 오래 전의 일이었던 것 같다. 길거리에서 술을 마시는데 거의 슈퍼에서 파는 가격으로 맥주와 안주를 먹으니 값이 엄청 쌌다. 그리고 길에서 먹으니 낭만도 있었다. 그런 이야기를 하니 주인이 바로 그 개념으로 이 가게를 만들었다고 실토했다. 내가 갔을 때에는 이

현재 중앙로 입구 모습

카페 뜰안과 그 앞마당

익선동 안으로

집이 만들어진 초창기라 사람이 별로 없어 조용하게 잘 마시고 나왔다. 그러나 요즘 가보면 이 집이 유명해져 사람들이 너무 많이 오는 바람에 기다려야 하는 등 여유가 없었다. 게다가 좁은 골목길에서 기다리고 있는 손님들이 있어 매우 번잡했다. 그래서 그 뒤에는 한 번도 들어가 보지 않았다. 그곳도 손님들이 대부분 20대들이라 내가 그곳에 앉아 있으면 그 집의 영업에 안 좋은 영향을 끼칠 것 같아 스스로 출입을 삼갔다.

이 길에는 비슷한 때 세워진 것으로 '번지 없는 주막'이라는 술집도 있지만 이런 집들은 더 이상 언급하지 않으련다. 학생들에게 시켰더니 그 옆 골목에 있는 홍차 전문 카페 '그랑'이나 홍차도 팔면서 향기도 체험하게 해준다는 '프루스트' 같은 카페에 대해서도 조사해왔다. 또 프루스트 옆에 있는 양식집 '1920'이라는 식당도 조사해 왔는데 이런 곳에 대해서는 사람들의 블로그에 잘 나와 있으니 내가 여기서 다시 언급할 필요를 느끼지 못한다. 그런데 내가 이런 집 앞에 갔을 때 재미있게 보이는 것이 있었다. 자신의 순번을 기다리는 방법이 달라진 것이었다. 즉 예약하는 방법이 달라진 것이다.

이전에는 그냥 무작정 그 집 앞에서 기다려야 했지만 이제는 그렇지 않았다. 1920 식당 앞에서 보니 테블릿에 자기 이름을 입력해 놓으면 나중에 카카오톡으로 알려주는 체제로 되어 있었다. 식당은 좁고 사람들은 몰려드니 주말 같은 때에는 꽤 오래 기다려야 하는데 그 좁은 골목을 막고 기다리는 일이 고역일 수 있다. 그런데 이제는 그럴 필요가 없었다. 자신의 이름을 입력하고 그 주위를 구경하다가 소식이 오면 식당으로 가면 되기 때문이다. 이제는 예약 체제도 많이 선진화 됐구나 하는 생각을 해보았지만 내 전화기는 그런 기능이 일절 없는 2G 체제의 이른바 '폴더폰'이라 나와는 아무 관계없는 세상의 일 같았다.

나중에 또 이곳에 가보니 비디오 보는 가게도 생기고 만홧가게도 생기고 여러 변화가 있었는데 이런 것들은 앞에

거북이 슈퍼

거북이 슈퍼의 메뉴판

서 말한 것처럼 내게는 관심거리가 되지 못한다. 그러나 어떻든 가게들이 다양해져 카페나 식당만 있는 것보다는 나았다. 사실 이 길과 관련해서 내가 관심을 갖는 것은 다른 데에 있다. 이곳에 왔을 때 내가 꼭 들여다보는 것은 정세권이 새로운 개념으로 만든 한옥이다. 이 한옥에 대해서는 앞에서 이미 언급했다. 대부분의 한옥은 중정식, 즉 가운데에 마당이 있는 것에 비해 이 새 한옥은 중당식이라고 해서 구조가 지금의 아파트처럼 되어 있다고 했다. 그 한옥이 바로 이 골목에 있는 것이다. 밖에서 볼 때 이 집의 특징은 지붕에 다락방이 있다는 것이다. 그래서 지붕이 솟아 있는데 길에서는 잘 보이지 않는다. 이 집에 대한 정보가 없이 가면 이 집이 그런 집인지 전혀 눈치 챌 수 없다.

이 집을 잘 보려면 태국 음식을 파는 '동남아'라는 식당의 2층으로 가야 한다. 이 식당은 소재를 설명하기 힘드니 전화기로 찾아보면 되겠다. 이곳에서 보면 그 많은 전체 한옥 가운데 이 두 집만 솟을(?)지붕을 하고 있는 것을 알 수 있다. 이 솟을지붕에 다락을 설치한 것이다. 그런데 문제는 이 두 집은 항상 닫혀 있어 그 안을 볼 수 없다는 데에 있다. 집 앞에서 문틈으로 아무리 보아도 아무것도 볼

태국식당, '동남아' 2층에서 보이는 다락있는 한옥

수 없으니 답답한 마음뿐이다. 앞에서 설명한 것으로 만족해야겠다. 이 골목에서는 이비스 호텔이 잘 보이는데 저곳이 유명한 요정 오진암 자리였다고 학생들에게 설명해주던 것도 잊지 않는다. 이 요정에는 얽힌 이야기들이 많아 후에 조금 자세하게 보았으면 한다.

이런 카페나 작은 가게를 빼면 익선동의 골목에서 더 볼 것이 없다. 굳이 소개하고 싶은 곳이 있다면 그나마 전통의 맥을 잇는 듯한 집이 하나 있어 그것이나 잠깐 언급해야겠다. '미담헌'이라는 곳인데 이곳은 그래도 한정식을 팔고 있으니 다행이라고나 할까? 그러나 한정식 집은 아니고 공간 대여만 하는 집이다. 특히 돌잔치를 위한 특화 공간이다. 돌잔치를 하니 당연히 한식을 내놓고 있는 것이다. 그래서 갈 때마다 보면 항상 돌잔치가 거행되고 있었다. 이 집은 개방되어 있어 밖에서도 다 보이는데 들여다보면 실내가 꽤 큰 것을 알 수 있다. 그래서 조사해보니 이 라인에 있는 집들이 이 지역에서 가장 큰 집이라는 것을 알 수 있었다. 앞에서 이 익선동 지역에는 10평에서 50평에 이르는 집이 있다고 했는데 이 집은 가장 큰 규모인 50평대 집인 것으로 보였다.

또 이 골목들 남쪽에는 이전에 유명한 수련집이라는 아주 싼 실비 음식점이 있었다. 이 식당의 음식 중 가장 쌌던

미담헌과 그 내부

수련집 옛 메뉴판

수련집의 원래 모습

게 찌개백반으로 값은 3천 5백 원이었다. 이 식당은 노상 지나만 다니고 사먹어 보지는 못했다. 아쉬운 한 끼를 백반으로 때울 수는 없었기 때문이다. 그러던 중 어느 날 다시 가보니 이 가게가 없어지고 웬 만두가게(창화당)가 개점 준비를 하고 있었다. 이 집은 다른 곳으로 이전한 것이다. 그래서 사진은 찍어놓았는데 올 때 마다 옛집은 사라지고 새집이 생기니 정신이 없다. 이 만두집은 들어가서 음식을 먹어보지는 않았지만 아마 앞으로도 들어가지는 않을 것 같다. 나중에 이 식당이 영업을 시작한 뒤에 또 가보았는

창화당

창화당의 주방 모습

데 벌써 손님들이 줄을 서서 기다리는 등 인기가 꽤 있어 보였다.

피맛길과 고려 시대 길에서—돼지고기 구이 집 밀집지역을 돌며

이 지역에 있는 것 가운데 역사적인 유구(悠久)성으로 따지면 피맛길이나 고려 시대 길을 따라갈 게 없을 것이다. 앞에서 언급한 것처럼 이 지역에 고려 시대 때 만든 길이 있다는 것을 안 것은 최종현 교수가 쓴 『오래된 서울』을 통해서였다. 피맛길이야 제일 유명한 것이 종로 1가에 있었지만 이것은 고층 건물을 지으면서 무참하게 없애버려 지금은 이름만 남아 있다. 그에 비해 종묘 건너편에 있는 것은 아직도 옛 모습이 꽤 남아 있다. 그곳은 내가 다른 책(『종묘제례』)에서 언급한 것처럼 '계림'이라는 유명한 닭매운탕 집이 있는 곳이기도 하다.

이 피맛길로 가는 길은 말로 설명하기는 곤란하고 그냥 돼지고기 구이 집 많은 곳으로 오면 된다. 가는 길에 오래된 식당들이 또 나오는데 해물칼국수 전문점인 '찬양집'이나 '할머니 칼국수' 집 같은 것이 그것이다. 이 집들은 수십 년의 역사를 자랑하는데 가격대비로 볼 때 아주 좋은 집이다. 두 집 다 비슷한 가격(5천 원 대)인데 양이 많아 푸짐하게 먹을 수 있어 좋다. 나는 이 두 집에서 다 먹어보았

할머니 칼국수 집

는데 혹시 누가 이 두 집 중에 어느 집이 나으냐고 물으면 대답하기가 곤란하다. 큰 차이를 못 느꼈기 때문이다.

거기서 아주 조금만 더 가면 그 유명한 삼거리가 나온다. 이 거리 주변에는 돼지고기 파는 집이 많다. 특히 삼거리의 정점에는 갈매기살 전문점인 '미(味)'라는 식당이 있다. 바로 이 집에서 길이 갈라지니 이 집이 중요한 것이다. 사진처럼 이 집을 바라보고 오른 쪽에 직선으로 난 길이 피맛길이다. 최 교수에 따르면 여기에 하천이 있었고 그 옆을 따라 민가가 들어서 있었을 것이라고 한다. 지금은 그런 흔적은 하나도 보이지 않고 사진에 보이는 것처럼 고기집들의 야외 테이블들이 차지하고 있다.

이 집의 왼쪽에 사선으로 난 길이 바로 고려시대 길이다. 이것은 확실한 것은 아니고 추정이라고 하는데 최 교수는 이곳이 고려 시대 때 남경 혹은 한양부(漢陽府)의 중심부이었기 때문에 조선 시대 이전에도 이곳에 마을이 있었을 것이라고 주장했다. 만일 그것이 사실이라면 이 길은 역사가 적어도 6백년 이상 되는 것이다. 그냥 보면 작은 길에 불과한데 역사가 그리 오래되었다. 이곳에 학생들과 처음 갔을 때 우리들이 이 고기집 앞에서 서성거리고 있으니까 사장이 직접 나왔다. 우리의 신분을 밝히니 그 사장은 친절하게 학생들에게 찬 물을 주면서 이 같은 설명을 해주었던 기억이 난다. 그래서 내가 그런 꽤 전문적인 정보를 어떻게 알았느냐고 물어보니 이 길을 답사하러 온 팀들이 알려주었다는 대답을 전했다. 이 길이 벌써 유명세를 타고 있었던 모양이다.

그런데 우리는 이 길이 고려 시대 길이라는 것 외에는 더 이상 할 말이 없다. 이 길과 관련해 내가 알고 있는 것은 상식적인 것이다. 고려 초기 숙종 때(11 세기 말과 12세기 초) 수도를 남경(서울)으로 옮기려고 추진했고 그 계획을 실현하기 위해 백악산 남쪽, 그러니까 지금의 청와대나 경복궁 북부 쪽에 궁궐을 건설했다는 것 정도만 알 뿐이

대낮의 고기집 골목

다(그러나 천도하지는 않았다). 그리고 최종현 교수에 따르면 이곳에서 멀지 않은 곳에 있는 교동초등학교에 고려 시대 때 향교가 있었다고 한다. 그 까닭에 그 마을 이름이 교동이 된 것이다. 이곳에 향교가 있었다는 것은 여기가 당시에 이 지역의 중심지였다는 것을 뜻한다. 이 길이 바로 그런 과정에서 만들어진 것 아닌가 하는 추정을 해본다.

이 지역은 과거 역사도 역사지만 현재에는 고기, 특히 돼지고기 구이집 촌으로 이름이 나있다. 이 피맛길과 고려 시대 길 주변이 온통 돼지고기 구이집으로 가득 차 있기 때문이다. 이곳은 낮에는 그리 아름답게 보이지 않지만 밤이 되면 그야말로 기운이 펄펄 넘치는 불야성의 거리가 된다. 돼지고기 구어 먹기가 시작되기 때문이다. 길에 전등이 훤하게 켜지고 가게 밖에도 탁자를 놓고 고기를 구어 먹기 때문에 냄새와 빛, 사람들의 왁자지껄한 소음 등으로 생기가 넘쳐흐른다. 게다가 조금 늦게 온 사람들은 자리를 잡지 못해 골목길에서 기다리게 되는데 그렇게 되면 이 길은 아주 좁아진다.

조금 전에 본 구이집에는 사진에서 보는 것처럼 외국인들이 앉아 있는 것을 볼 수 있다. 이것은 그들이 자진해서 온 것이 아니라 어떤 여행 관련 회사에서 제공하는 프로그램에 참여한 외국인들이다. 내 기억으로는 8만원인가를 내면 서울에서 가장 서울적이고 한국적인 식당에 가서 한국문화와 음식 체험을 시켜주는 프로그램이었다.

나도 평소에 이런 프로그램, 즉 외국인들에게 한국인들이 일상적으로 어떻게 살고 있는가를 보여주는 프로그램을 하고 싶어 했다. 이렇게 생각하게 된 연유는 간단하다. 우리가 해외여행을 갔다 오면 끝까지 기억에 남는 것은 그곳 사람들이 사는 일상적인 모습이지 관광지가 아니다. 관광지에 대한 것은 금세 잊히는데 현지 사람들이 사는 모습은 두고두고 생각이 난다. 한국에 오는 외국인 중에도 이처럼 한국인들의 일상생활을 엿보고 싶은 사람이 있을 것

불야성을 이룬 밤의 고기집 골목

이라는 생각에 나도 이런 프로그램을 하고 싶어 했었다. 그런데 다른 사람이 이미 하고 있는 현장을 보니 세상 사람들이 생각하는 것은 비슷하구나 하는 생각이 들었던 기억이 난다.

이곳에는 고기집이 많은데 문제는 각 가게의 고기 맛이 어떠냐는 것이다. 처음 오는 사람은 이곳에 고기집이 많아 어떤 집을 가야 좋을지 헛갈릴 수 있을 것이다. 나는 그곳에 있는 주요 고기집에서 고기를 다 먹어보았는데 내 주관적인 판단으로는 어떤 한 집이 가장 나았었다. 다른 집들은 다 맛이 고만고만했는데 이 집은 고기에 육즙이 살아있었기 때문이다. 그런데 최근(2017년 6월)에 다시 그 집에 가서 먹어보니 이 맛이 나지 않았다. 다른 집과 비슷해진

외국인들의 고기집 체험

것이다. 게다가 사람이 마구 몰려와 손님들의 시중을 제대로 들지 못하고 있었다. 그래서 실망하고 나오면서 주인에게 물어보니 얼마 전에 이 집이 TV에 나왔다는 것이다. 내가 보기에 이 집은 TV에 나오면서 초심을 잃었다. 그래서 같이 간 제자들에게 말하길 앞으로 나는 이 고기집 촌에 와서 고기를 더 이상 먹지 않을 터이니 너희들도 오지 말라고 충고해 주었다(참고로 내가 서울에서 먹어본 돼지구이 중 가장 인상적인 것은 돈암동에 있는 '돈가래'라는 집에서 먹었던 것이다). 1인분에 만 2천 원이나 되는 거금을 내고 그런 고기를 먹을 필요가 없다고 생각했기 때문이다. 그런데 충고는 했지만 그들이 내 말을 따를지 어떨지는 미지수이다.

요정 문화의 중심지였던 익선동 이번에는 주제를 완전히 바꾸어서 익선동의 요정 문화에 대해서 보자. 지금은 요정이 다 없어졌지만 한 때 이곳에는 요정이 밀집되어 있었다. 요정이 다 없어졌다고는 하지만 그 여파가 아직도 이곳 곳곳에서 보인다. 따라서 요정에 대해서 보면 이 동네에 있는 많은 것이 설명될 것이다. 이 요정 중에서도 최근까지 장사했을 뿐만 아니라 가장 유명한 오진암에 대해서 보자.

이 오진암은 성북동에 있던 대원각과 삼청각과 더불어 1970~1980년대에 3대 요정으로 불리던 곳으로 요정 정치의 산실이라고 일컬어진다. 그만큼 많은 정치인들이 이 요정을 왕래했다. 1969년도 동아일보 기사[26]를 보면 요정 중 최고급으로 꼽히는 곳은 우이동의 선운각이었단다. 그러나 세금 많이 내기로는 이 오진암이 1위였다고 하니 오진암의 영업 규모를 알 수 있다. 방이 9개에 40여명의 여종업원이 있었다고 하는데 지금으로 치면 별로 큰 규모가 아닌데 당시에는 이 정도면 굉장히 큰 요정이었던 모양이다. 익선동에 있는 요정 가운데 세금을 많이 낸 요정은 오진암

26) 12월 13일 기사 "서울의 으뜸 유흥가"

뿐이 아니다. 당시 세금 납부 2위를 자랑하는 옥류장이나 3위인 대하 요정 역시 다 익선동에 있었으니 이 익선동이 요정과 관련해서 가장 핫한 장소인 것을 알 수 있겠다.

오진암의 건물은 1910년쯤 지어졌다고 하는데 해방되기까지는 조선말의 화가인 이병직이라는 사람 등이 사는 민가로 사용되었다고 한다. 그러다 이 집이 요정으로 바뀐 것은 1953년의 일이라고 한다. 조 모 씨가 이 집을 사서 요정으로 만든 것이다. 항간의 소문에 따르면 이 집은 한옥으로는 최초의 상업업소로 서울시에 등록했다는데 이것은 한옥 유흥주점으로 최초의 집이라는 의미 같다. 이 집의 이름이 오진암(梧珍庵)이 된 것은 이 집 안에 오동나무(梧는 벽오동나무 오)가 있어서 그렇게 되었다고 하는데 집의 전체 넓이가 약 700평이 된다고 하니 상당히 넓은 곳임을 알 수 있다. 그렇게 해서 1990년대까지는 장사를 잘 한 모양인데 같은 업종인 '룸살롱'이 강남을 중심으로 나타나 이 업계에 자리를 잡으면서 요정들은 서서히 밀려나기 시작한다. 이 여파로 다른 요정들은 진즉에 문을 닫았는데 이 오진암은 2010년까지 버티다 드디어 문을 닫고 그 해에 한옥마저 철거되었다.

이처럼 요정들이 문을 닫게 된 것은 당연한 일 아닐까 한다. 이런 술집들이 윤리적으로 문제가 있다 없다를 떠나서 영업적으로만 보면 동종의 룸살롱에 비해 요정은 영업 문화가 너무 낙후되어 있기 때문이다. 우선 실내부터 요정은 룸살롱에 밀린다. 룸살롱은 실내를 환상적으로 꾸며 놓아 비싼 돈을 내고 술 먹을 요량이 생긴다. 그에 비해 요정은 실내 인테리어가 너무 엉성하다. 그리고 방바닥에서 방석 위에 앉아 한복 입은 여자들의 시중을 받아가며 술을 마시는 것도 지금 세태와는 어울리지 않는다. 룸살롱에서는 여종업원들이 한층 세련된 양장을 하고 나오기 때문에 어울려 술 먹는 맛이 난다. 따라서 같은 값이면 남자들이 룸살롱에 가지 요정의 우중충한 방바닥에 앉아 술을 마시겠느냐는 것이다.

이 요정이 경쟁력이 있으려면 강남의 룸살롱과 차별되는 요정만의 문화를 개발했어야 했다. 예를 들어 아주 세련된 국악을 들을 수 있다든가 고전 춤을 볼 수 있다든가 하는 등의 요정만의 문화를 갖추었어야 한다는 것이다. 다시 말해 진정한 의미에서 기녀의 전통을 회복하고 그들의 문화를 되살려냈으면 요정도 버텨낼 수 있었을 것 같은데 그렇게 하지 못했다. 그 결과 이제는 요정 자체를 찾는 일이 아주 힘들게 되었다(지금도 강남 역삼역 근처에 요정이 있기는 하다). 어떻든 요정은 1960~1970년대의 낙후된 음주 문화에 머물러 발전할 수 있는 기회를 놓쳐버리고 말았다.

옛 오진암 쪽문

오진암 터에 들어선 호텔에서 이 근처에 오면 그런 생각들이 드는데 내가 이런 말을 해도 제자들의 반응은 시큰둥했다. 그럴 수밖에 없는 것이 그들은 이런 문화와는 담쌓고 사는 여성들이기 때문이다. 따라서 이런 유의 설명에 관심이 있을 리가 없다. 반응이 그러니 말하는 내가 무색해져 말하다 꼬리를 내리고 다른 주제로 넘어가곤 했다. 이럴 때 나는 제자들에게 이런 질문을 던지곤 했다. 지금은 이 오진암 자리에 이비스라는 호텔이 들어와 있는데 과연 이런 역사가 있는 한옥을 이처럼 무참하게 없애버려도 되는가 하는 문제 같은 것 말이다.

나는 이렇게 역사가 있는 한옥을 없애는 것에 무조건 반

대한다고 학생들에게 외쳐보지만 그들에게 이야기한다고 현실이 달라질 것은 하나도 없다. 이곳은 특히 개인 소유라 어떻게 해볼 방법이 없었던 모양이다. 당시에 종로구청에서도 이 집을 보존할 마음이 있었지만 문화재로 등록되지 않은 개인 재산이라 어쩔 수 없었다고 한다. 이런 곳은 원래 지자체에서 구입해 활용할 방법을 생각해야지 개인이 보존하고 활용하는 것은 너무나 출혈이 커서 힘들다.

이 집이 헐릴 때 구청에서 이 건물에서 나온 대문이나 기와, 서까래, 기둥 등을 부분적으로 가져다 새로운 집을 짓는 데에 쓴 것은 그나마 다행한 일이라 하겠다. 이 건물은 부암동 주민센터 앞에 가면 있는데 이곳은 원래 안평대군의 사저(무계정사) 자리였다고 한다. 이 자리에 '무계원'이라는 문화공간을 만들 때 오진암의 잔재들을 이용한 것이다. 이 집을 만든 것은 2012년의 일이었다. 나는 물론 이 무계원에도 가보았고 그 안에서 강의한 적도 있는데 가서 보면 당최 옛 건물의 향취가 나지 않고 전부 새 건물처럼 보였다. 그래서 관계자에게 물어보니 대부분 새로운 재료를 사용했기 때문에 그렇게 보일 것이라는 대답이 돌아왔다. 아마 다시 쓸 수 있는 재료가 적었기 때문에 그리 되었을 것으로 추측되는데 어떻든 옛 건물이 소생하지 못해 아쉬운 것은 어쩔 수 없는 일이다.

오진암 - 헐리기 전의 모습

헐리고 있는 오진암

헐리고 있는 오진암 내부 터

오진암을 헐고 그 자리에 세운 이비스 호텔 1층에 오진암에 대한 소개와 사진이 걸려 있다.

이번에는 오진암 터에 자리 잡고 있는 이비스 엠버서더 호텔로 가보자. 이 호텔은 2013년부터 영업을 시작했는데 1층 외부를 보면 사진에서 보는 것처럼 청사초롱을 걸어 놓은 것을 볼 수 있다. 이것은 요정의 분위기를 내 본 것이리라. 또 오진암 간판을 걸어놓기도 하고 그 밑에 오진암과 관련된 사진들을 붙여 놓아 오진암의 역사를 알 수 있게 해준다. 호텔 측에서 이처럼 오진암에 대해 알려주는 것은 좋은데 종종 호텔 사용 물건이나 자동차로 가려져 있어 사진들을 잘 볼 수 없어 유감이다. 그 사이를 뚫고 사진들을 보면 재미있는 사진들이 몇몇 보인다. 당대의 호걸 김두환이 술을 마시던 모습도 있고 1972년에 남북공동성명을 준비하면서 북한 쪽 사람들을 접대하는 사진도 있다.

이처럼 이곳에는 대한민국의 이름 있는 사람들이 많이 다녀갔는데 오진암 앞에서 수십 년 동안 한복 가게를 하고 있는 분도 이와 비슷한 증언을 했다. 즉 한국 사람이면 다 알만한 정치인이나 기업인, 연예인들이 많이 드나들었다는 것이다. 그래서 이런 요정을 두고 밀실 정치의 산실이라고 하는 것이리라. 이곳에 드나든 정치인들이 어떻게 술을 마셨는지는 잘 모르지만 아마도 이런 식으로 마시지 않았을까 한다. 우선 남자들끼리만 머리를 맞대고 30분이고 1시간 남짓 중요한 일에 대해 논의를 한다. 이때에는 보안을 요하는 사안을 이야기하기 때문에 요정 측 사람들은 어느 누구도 배석할 수 없다. 그렇게 자기들끼리 충분히 논의를 했다고 생각하면 그런 다음 여종업원들을 부르고 술과 음식을 대령케 해 실컷 먹고 흠뻑 마시면서 아주 원시적으로 놀았을 것이다.

이 요정 문화의 배후에 깔린 생각은 이런 것 아닐까 한다. 남자들이 이렇게 노는 것은 자신의 욕망을 다 까발려서 벌거숭이 채로 만나 저 밑에서부터 진하게 만나보자는 의도일 것이다. 그렇게 민낯으로 만나 기운이 통해야 우리가 하나라는 것이 확인되고 아주 끈끈한 동배의식을 느낄 것이다. 사무적인 일은 이런 집단의식이 생긴 다음에 하는

무계원 정문

무계원 내부

것이다. 그런데 이런 유의 생각이나 행동이 과거에만 해당되고 이제는 사라졌을 것이라고 생각한다면 그것은 오산이다. 이런 식으로 사는 것은 남자들의 욕망이자 로망이라 할 수 있는데 그런 욕망들은 그렇게 쉽게 없어지는 게 아니다. 이전에는 이런 일을 요정 같은 곳에서 대놓고 해도 문제가 없었지만 지금은 그렇게 할 수 없으니 별장 같은 더 은밀한 장소로 가서 같은 일을 하고 있다.

요정 문화에 대한 객쩍은 소리는 그만 하고, 이곳을 수시로 다니다 보니 해가 바뀌면서 상황이 조금씩 바뀌는 것을 알 수 있었다. 사진에서 보는 것처럼 2015년 여름에는 이 호텔 1층에 이상한 문 하나를 세워놓았다. 대체 무슨 문인가 하고 살펴보니 그것은 오진암 안에 있는 쪽문을 모방해 만든 짝퉁 문이었다. 그곳에 걸려 있는 사진을 보면 그 사실을 알 수 있다. 아마도 호텔 측에서 오진암의 분위기를 어떻게 해서든 알려주고 싶은 마음에 이런 문을 만들었을 것이다. 그런데 그 다음 해(2016년)에 가보니 이 문이 사라져버렸다. 이곳은 원래 주차하는 공간이라 아무래도 거추장스러워 없애버린 모양이었다. 이런 일은 자주 일어나는 일이라 놀라거나 아쉬워 할 필요 없다. 처음에는 이곳에 있던 100년 된 가옥을 부수고 집을 짓는 일이 조금은 미안해 그 자취라도 남기려고 노력한 것 같았다. 그러나 시간이 지나면서 그런 미안한 의식은 없어지고 건물의 효용도만 따지게 되니 저런 짝퉁 문 하나 없애는 것은 아무것도 아니었을 것이다.

이 호텔과 관련해 독자들께 팁을 하나 주고 싶다. 다름 아니라 이 호텔의 옥상에 가면 이 익선동을 완벽하게 볼 수 있다는 것이다. 그러나 옥상을 아무 때나 개방하는 것은 아니다. 우리도 그 사실을 전혀 몰랐는데 답사 차 익선동에 갔을 때 용변을 해결하러 우연히 이 호텔에 들렀다 이 사실을 알게 되었다. 한 달에 한 번 옥상에서 바비큐 파티를 하는데 오늘이 그 날이라는 것이다. 이 날은 영업을

이전에는(2015년) 호텔 1층에 이렇게 오진암 쪽문을 재현해 놓았는데 지금은 사라졌다.

해야 하기 때문에 옥상을 개방한다고 해서 만사 제치고 올라갔더니 익선동이 한 눈에 들어오고 북악산이나 인왕산, 창덕궁이 다 보이는 등 경치가 삼삼했다. 따라서 이 지점을 강력 추천하는데 관심 있는 독자들은 호텔 홈페이지에 가서 이 파티 하는 날을 알아내 그 날 가면 되겠다.

오진암 터에 들어선 호텔

이비스 호텔 옥상에서 바라본 익선동

주변에 남은 요정의 흔적들 - 한복집과 점집들 지금까지 우리가 본 것처럼 이곳에는 워낙 요정들이 많아 요정과 관련된 업소들이 들어서게 된다. 그런데 비록 요정은 없어졌지만 그 업소들은 남아 우리의 주목을 끈다. 이에 대해서는 앞에서 잠깐 언급했는데 그런 흔적들 가운데 한복집이 가장 우선순위로 꼽힌다. 한복집이 이곳에 많이 생긴 이유는 말할 것도 없이 이 요정에서 일하는 여종업원들의 옷을 만들어주기 위한 것이었을 것이다.

이러한 한복집은 당장에 오진암 터 바로 앞에서 발견되는데 사진에서 보는 것과 같이 '이레자수'라는 집이 대표적인 집으로 알려져 있다. 이 집은 아주 작은 규모의 가게인데 역사가 30년이 넘었다고 한다. 이 지역을 소개하는 잡지를 보면 이 가게의 디자이너가 30년 이상 자수를 놓고 있다는 기사를 접할 수 있다. 이런 정보를 접했을 때 그것을 확인하지 않으면 직성이 안 풀려 제자들을 시켜 이레자수 집에 들어가 물어보라고 했다. 그랬더니 영 의외의 결과가 나왔다. 그곳에서 일하는 분의 말씀이 자기는 가게에서 일한 지 5년밖에 안 되었는데 어떤 잡지 기사에 30년째 일한 것으로 나온 뒤로 계속 해서 그렇게 쓰더라는 것이다. 자기는 자수를 한 것이 30년이라고 한 것뿐인데 가게를 30년을 운영했다고 잘못 알아들었다는 것이다. 기자가 그릇된 정보를 만든 것이다. 이 이야기를 듣고 나는 또 학생들 앞에서 '꼰대질'을 했다. 어떤 정보도 믿어서는 안 되고 반드시 현장에서 확인해야 된다고 말이다. 그래서 이 집 옆에 있는 한복집에도 가서 물어보라고 했더니 왼쪽에 있는 집도 30년이 되었다는 증언을 들을 수 있었다. 어떻든 이 세 한복집은 이 지역에서 역사가 가장 오래된 한복집임에 틀림없을 것이다.

이 한복집의 주인들에 따르면 요정들이 없어지면서 한복집도 많이 사라졌다고 한다. 그러나 한복집은 아직도 이 오진암 앞에 있는 골목 안쪽을 비롯해 주위에 꽤 많이 있다. 추정하건대 아마 처음에는 요정과 관계해서 한복집이 하나 둘 생겼을 것이고 차차 동종의 업소들이 계속해서 문

이비스 호텔 앞에서 있는 한복집

을 열었을 것이다. 그러다 요정이 사라진 뒤에도 살아남은 한복집들은 취급하는 범위를 늘려 일반 한복뿐만이 아니라 혼수와 무대의상까지 담당하게 되었을 것이다. 그런데 그 주인의 말이 익선동 골목길에 있는 한복집들은 다 세를 들어 있는 집인데 카페들이 더 생기면 밀려날 것이란다. 예를 들어 '형제 한복'과 같이 오래된 한복집들은 세가 비싸져 더 이상 견디지 못하고 문을 닫던지 다른 데로 이전할 것이라고 한다. 그러면서 그는 이러다 앞으로 익선동 골목에는 카페만 남게 될 것이라고 하면서 그 동네에 오래 살았던 사람으로서 큰 우려를 표했다.

나도 이곳이 카페촌으로 바뀌는 것을 마뜩치 않게 생각하지만 외지인인 내가 할 수 있는 일은 없다. 그런 생각을 하면서 다시 이곳이 한복집들을 살펴보면 앞에서도 언급한 것처럼 한복을 입고 있는 마네킹들이 춤추는 모습을 하고 있어 아주 재미있다. 이들은 의상도 일상적인 한복이 아니라 화려한 무대의상을 입고 있다. 그리고 조명도 아주 밝다. 그런데 이 인형들의 팔 모습을 보면 다 다른 것을 알 수 있다. 팔을 벌린 각도가 조금씩 다른 것이다. 보통 한복집들의 인형들은 정숙하게 서 있는데 이곳의 인형들은 전부 춤을 추고 있어 여간 재미있는 것이 아니다.

이 골목들을 거닐다 보면 사진에서 보는 것처럼 이상

골목에 있는 한복집들

춤추는 자세를 하고 있는 한복집 마네킹

하게도 점집들이 많은 것을 알 수 있다. 지금도 적지 않지만 많을 때에는 20곳 가까이 점집이 있었다고 한다. 이렇게 점집이 많이 생긴 이유는 요정에서 일하는 여종업원들이 많았기 때문이라고 한다. 이들의 생활이라는 것이 불안정하고 힘들기 때문에 점에 많이 의지했다는 것이다. 점을 통해 자신의 미래를 알아보기도 하고 위로도 받으려고 했다는 것이다. 이 점은 이해되지만 그렇다고 이렇게 많은 점집이 필요했을까 하는 의문이 남는다. 점이라는 것은 자주 보는 것이 아닌데 아무리 여종업원들이 많기로서니 매일 점 보러 가는 것도 아니고 이 점사(占師)들이 어떻게 수지를 맞추었는지 잘 모르겠다. 현재에도 점집이 약 10개 정도가 있다고 하는데 내가 직접 돌아다니면서 세 본 것이 아니라 확실한 개수는 잘 모르겠다. 게다가 이 점집들은 내가 한 번도 들어가 본 적이 없기 때문에 그곳 사정은 알 수 없다. 아무리 현장검증하는 것이 나의 답사 모토라고 하지만 수만 원을 들고 가서 점을 볼 수는 없지 않은가?

익선동에서 유명한 러브스토리 이 익선동에는 과거 일제기에 유명인들이 꽤 살았다고 전해진다. 작가로는 홍명희나 김억 등이 살았고 그 유명한 나혜석도 이곳서 얼마간 살았다고 한다. 그런데 이들이 머물렀던 집이 어디인지는

점집

명확히 모르는 모양이다. 그에 비해 당대 최고의 연예인이었던 박녹주 선생이 살았던 집은 확실히 알려져 있다. 박녹주는 당시 최고의 기생 가운데 한 사람으로 다 아는 바와 같이 소리로 이름이 높았다. 박녹주가 이곳에 살았던 것은 근처에 명월관 같은 유명한 요릿집이 있었기 때문이었을 것이다.

그런데 지금 이 집을 가보면 사진에서 보는 바와 같이 그다지 특징 없는 한식집으로 이용되고 있는 것을 알 수 있다. 그 모습을 보면 안타까운 생각이 든다. 이 분은 그래도 한국 최고의 소리꾼 중의 한 사람이었고 그 때문에 무형문화재가 되어 많은 후학을 길러냈는데 그런 분의 집이 이렇게 홀대 받고 있어 그렇다는 것이다. 이런 집은 이 분

음식점으로 바뀐 박녹주 명창의 집(현재는 문을 닫았다)

을 기리는 기념관으로 만들어 이 지역에 오는 사람들에게 이 분과 그 예술을 알리는 일을 해야 하지 않을까 하는 생각이다. 그래야 이 지역도 훨씬 품격이 높아진다. 이 지역을 살리는 길 중의 하나는 카페나 음식점 만드는 것이 아니라 이 지역이 배출한 훌륭한 분들을 제대로 소개하는 집을 만드는 일이다. 북촌이나 서촌에서는 나름대로 이런 일이 잘 되고 있는 것 같은데 이 지역은 아직 거기까지는 가지 못한 것 같아 안타깝다. 나는 자고로 전통을 중시하지 않는 문화는 잔존할 가치가 없다고 생각하는데 이곳도 어서 문화의식이 깨어났으면 하는 바람이다.

이 집에 오면 반드시 나오는 이야기가 박녹주와 김유정의 러브스토리이다. 처음에 잘 몰랐을 때는 그저 김유정이 박녹주에 반해 따라다녔다고만 알고 있었는데 내막을 알아보니 그게 아니었다. 그 내막은 그다지 아름다운 이야기가 아니었다. 지금으로 따지면 김유정이 거의 스토커 수준으로 박녹주를 따라다니면서 못살게 굴었던 것이라 아름답지 않다고 한 것이다. 사람들은 이 로맨스가 당찬 문학청년이 당대 최고의 기생과 벌인 로맨스로 알기 쉽지만 사실은 전혀 그렇지 않았다. 김유정이 박녹주를 따라다닐 때는 소설가로 등단하기 이전으로 그는 그때 학생에 불과했다. 이 이야기는 많이 알려져 있어 자세하게 소개할 필요는 없지만 독자들의 궁금증을 풀기 위해 아주 간략하게만 보자.

당시 약 20세였던 약관의 김유정은 박녹주에 꽂히고 말았다. 목욕하고 나오는 박녹주를 보고 그랬다는 이야기도 있고 공연하는 모습을 보고 그랬다는 이야기도 있는데 중요한 것은 김유정이 박녹주에게 완전히 반했다는 것이다. 이것은 능히 상상이 된다. 당대 최고의 기생이었던 박녹주가 얼마나 예뻤겠는가? 그런데 당시 김유정은 대학교(연희전문) 1학년생으로서 박녹주보다 2~3살 연하였다. 그 뒤로 김유정은 엔간히도 박녹주를 쫓아다니면서 연서를 보내든

박녹주 집앞에 있었던 소개 자료

김유정

박녹주

지 선물을 보내면서 자신의 사랑을 표시했다. 심지어 혈서는 보냈는가 하면 죽이겠다는 협박의 편지도 썼고 어떤 때는 납치 시도까지 하는 등 그녀에 대한 집착은 도를 넘어섰던 것 같다.

그러나 박녹주는 당시 최고의 인기를 자랑하는 연예인이었고 김유정은 풋내기 학생에 불과했다. 지금으로 따지면 박녹주는 여자 아이돌이라고 할 수 있고 김유정은 사생팬이라고 할 수 있겠다. 그때 박녹주는 명월관 등지에서 김성수나 송진우 같은 당대 최고의 인물들을 상대하고 있었는데 연하의 어린 남학생이 그녀의 눈에 들어오겠는가? 김유정이 작가로 등단해 소설을 쓴 것은 박녹주를 단념한 뒤의 일이다. 만일 김유정이 당시에 이미 유명 작가가 되어 있었다면 혹시 이 로맨스가 성사될 수 있었을지도 모른다는 생각을 해보지만 어떻든 당시 상황은 김유정에게 아주 불리했다. 게다가 확실하게는 모르지만 당시 박녹주를 연모하는 남자가 한 둘이었겠는가? 박녹주에게 김유정은 그런 남자들 가운데 하나일 뿐, 게다가 어린 학생일 뿐 더 이상의 의미는 없었을 것이다.

김유정이 글을 쓰기 시작한 것은 박녹주를 단념한 뒤의 일이다. 박녹주를 한 3년 쫓아다니다 건강 등의 이유로 김유정은 대학을 중퇴하고 글쓰기를 시작한 것으로 보인다.

그는 1933년부터 작품을 발표했는데 1935년에 조선일보 신춘문예에 그의 소설 “소낙비”가 당선되면서 정식 작가가 된다. 그러나 김유정은 약 30년밖에 살지 못하고 1937년에 지병인 폐결핵으로 타계하고 만다. 그런데 김유정의 고향인 춘천에는 그를 기리는 문학관도 있고 그의 이름을 딴 김유정역도 있다. 이에 비해 그가 온 힘을 다해 좇아다녔던 박녹주는 그가 살았던 집이 엄연히 남아 있는데도 불구하고 아무 조명도 받지 못하고 있다. 게다가 그 집은 기념관이기는커녕 그저 그런 음식점이 되어 있으니 우리가 이 분을 이렇게 대해도 되는가 하는 자괴감이 든다. 박녹주는 우리 시대의 훌륭한 예인이었는데 이렇게 푸대접해도 되느냐는 것이다. 이곳에 올 때 마다 그런 생각을 하면서 씁쓰레 하는데 그녀에 대해 이렇게 글로 알리는 것 외에는 할 일이 없으니 안타깝기만 하다.

익선동 도처에서 발견되는 게이바들 이곳에 처음으로 온 사람들은 전혀 눈치 채지 못하는 것이 있다. 이곳이 아마도 서울에서, 아니 전국에서 게이바가 제일 많은 곳이라는 사실 말이다. 나도 이 지역을 본격적으로 공부하기 전까지는 이곳에 게이들만 가는 술집이 그렇게 많은 줄 몰랐다. 그런데 가만히 생각해보면 수십 년 전쯤 나도 이곳에 있는 게이바에 갔던 기억이 있다. 몇 년 전인지 정확히 기억은 안 나지만 거의 20년 전 아닐까 싶은데 선배 한 사람이 이 지역에 있던 게이바에 가자고 해 아무 생각 없이 따라갔던 적이 있었다.

이집은 오진암이 있는 길(삼일대로 30길) 변에 있었는데 그 술집에 관해 특별히 기억나는 것은 없다. 그러나 그때 거기서 일하던 어떤 남자에 대한 기억은 아직도 생생하다. 그의 외모는 분명 남자였다. 그러나 어찌나 여성스러운지 나는 아직도 그렇게 여성스러운 사람을 보지 못했다고 고백해도 좋을 정도로 그는 여성스러웠다. 아직도 그가 기억나는 것을 보면 그의 여성 편향성이 얼마나 강했는지 알 수 있지 않을까? 그 외는 아무것도 생각이 안 나는데 나는 그때 게이바가 왜 그곳에 있는지에 대해 전혀 의문을 갖지 않았다. 지금 생각하면 의문을 가질 법한 일인데 그때에는 감이 무디었던 모양이다.

이곳에 게이바들이 많다는 것을 알려준 사람은 앞에서 말한 대로 중국집 지배인이었다. 그의 말을 듣고서야 정체불명의 가게들의 정체를 알게 된 것이다. 익선동을 중심으로 돈의동이나 낙원동 등지에는 간판을 보아서는 전혀 그 집이 무슨 집인지 모르는 집들이 많이 있다. 가게 이름만 있지 무엇을 파는 데인지, 무엇을 하는 데인지를 밝혀 놓지 않은 집이 많다는 것이다. 게다가 이런 집들은 큰길가에는 없고 대부분 골목으로 들어가야 발견할 수 있다. 그러니 이 지역에 처음 가는 사람은 더 더욱이 이런 집들을 발견할 수 없고 발견한들 이 집들의 정체를 알 수 없다. 아니 그보다는 처음부터 아예 이런 집들이 관심의 영역으로 들어오지 않는다고 하는 것이 맞을 게다. 모르니까 관심을 가질 수 없는 것이다.

그러나 이제는 확실하게 알았다. 이 지역에 있는 업소들 가운데 그 간판에 업종에 대해 아무 언급이 없으면 그것은 게이바라는 사실 말이다. 그런 사실을 안 다음에 다시 돌아다녀보니 여기저기서 게이바가 눈에 띄었다. 정확한 숫자는 모르지만 중국집 지배인이 말하는 것처럼 200개는 아니더라도 수십 개는 족히 되어 보였다. 한국에 이곳보다 게이바가 더 많은 곳이 있을까 하는 생각이 들 정도이다. 아니 전 세계적으로도 이렇게 게이바가 많은 동네는 없을지 모른다. 그러나 내가 전 세계의 게이 문화를 공부해보지 않았으니 이 사실에 대해 자신 있게 말할 수 있는 것은 아니다.

이런 바 중에는 확실하게 이 집이 게이바라는 사실을 알리는 집도 있다. 성소수자를 상징하는 무지개 색 깃발을 가게 앞에 달아 놓은 집이 그것이다. 이것은 자신의 가게가 게이바라는 사실을 당당하게 알리는 것이다. 성소수자에 게이만 있는 것은 아니지만 이곳은 게이 타운이니 게이바 이외의 것은 상상하기 힘들다. 그런데 더 재미있었던 것은 사진에서 보는 것처럼 부처님 오신날을 축하한다는 현수막을 이 거리에 붙여놓은 것이다. 2017년에 불탄일 즈음에 이곳에 갔더니 이런 현수막이 걸려 있었다. 이것은 아마도 부처님이 인간의 평등을 주장한 성인이라 성적 소수자인 자신들의 권익을 보호해줄 것이라는 생각에서 나온 발상 아닌가 싶다.

이 지역이 게이들의 결집소처럼 된 데에는 나름의 역사가 있는데 그것을 다 소개할 필요는 없을 것이다. 이번 기회에 게이들의 문화에 대해 귀동냥하면서 배워 보니 게이들이 모이는 장소가 계속해서 변화해왔던 것을 알 수 있었다. 일제기와 같은 한참 앞선 시대 것은 생략하고 현대의 변화상에 대해서만 보기로 하자. 게이들이 모이는 곳이 일단 1960년대에는 을지로 뒷골목, 신당동 골목 등에 있다가 청계천변으로 옮겨갔다고 한다. 그러다 앞에서 본 것처럼 1960년대 말 낙원동 일대의 윤락가가 없어지면서 그 빈자리에 게이바가 하나둘 들어왔고 그 과정을 거쳐서 이렇게 많은 게이바가 생겼다고 한다.

그러는 과정에서 좀 더 젊은 문화를 추구하는 나이 어린

불탄일 즈음에 걸려 있는 게이단체 현수막

성소수자 상징의 무지개 색 깃발

게이들은 이태원으로 진출했고 그 결과 이태원에는 많은 게이 클럽이 생기게 된다. 이 두 지역에 나타난 게이 문화의 차이를 굳이 들자면, 낙원동 쪽이 작은 바 중심이라면 이태원 쪽은 클럽 중심으로 게이들이 모이는 것이라고 한다. 그러나 이태원에 있는 게이 클럽을 한 번도 가본 적이 없는 나로서는 그 지역의 게이 문화에 대해서 말할 자격이 안 되니 여기서 설명을 멈추어야 하겠다.

이번에 게이와 그들의 문화에 관해 답사하고 조사하다 보니 아주 조금 그 세계에 대해 알 수 있었다. 이런 게이들의 공간이 서울뿐만 아니라 부산, 광주, 대전 등지에도 있다는 것을 알고 놀랐다. 이들이 소수자이기는 하지만 이처럼 전국에 걸쳐 모이고 있는 줄은 몰랐던 것이다. 이 동성애 문제에 대해서는 내가 공부가 부족하니 어줍은 내 생각을 말하는 것은 피해야겠다. 단 모든 사회적 소수자들의 인권은 보호받아야 한다는 일반적인 견해는 밝히는 것이 좋겠다. 왜냐하면 이처럼 게이를 비롯한 동성애자들이 많이 존재한다면 이것은 비일상적인 것이 아니라 일상적인 것의 일부로 생각되기 때문이다. 조금 더 적극적으로 생각한다면 동성애는 조금 다른 것일 뿐 이상한 것은 아니라고 생각해보지만 아직은 좀 더 넓게 공부하고 이 주제와 관련된 사람들을 만나 의견을 들어야 할 것 같다.

이제 서서히 익선동 일대에 대한 답사가 끝나는데 사실은 이렇게 마치면 마지막으로 돈의동 쪽방촌으로 가는 게 순서이다. 쪽방촌은 너무나 인상이 강렬하고 우리의 주제인 한옥 마을과는 그다지 관계가 없는 것이라 항상 마지막에 가는 것으로 짜놓는다. 그런데 이 쪽방촌에 대해서는 맨 앞에서 이야기했으니 예서 다시 거론할 필요 없겠다. 다시 한 번 주의를 주고 싶은 것은 이 지역은 익선동 한옥 마을을 들어갈 때처럼 가볍게 들어가지 말라는 것이다. 구경하는 마음이 아니라 공부하는 마음으로 진중하게 대하라는 것이다. 이유는 자명하다. 익선동과 달리 그곳에는 주민들이 많이 살고 있기 때문이다.

익선동 답사를 정리하며

이렇게 익선동과 그 인근에 대한 답사가 끝나면 보통 저녁밥을 먹으러 가는데 식당에 대한 소개는 이미 했으니 각자가 취향에 맞는 식당을 찾아 가면 된다. 이 시간이 되면 나는 학생들에게 그런 이야기를 한다. 이 지역은 지리적으로는 서울의 핵심 도심이지만 실질적으로는 발전이 안 된 변방처럼 되어 있었다고 말이다. 그래서 오래된 한옥이 많아 구태가 보이는가 하면 만일 이곳이 진짜 도심이라면 있을 수 없는 일들이 많이 행해졌던 곳이 이 지역이라고 역설한다. 다시 말해 만일 이곳이 진정한 의미에서 도심이라면 공개적으로 할 수 없는 일들이 이 지역에서는 이루어지고 있다는 것이다.

사람들이 공개적으로 하지 않는 일 가운데에는 본능적인 일이 포함된다. 본능적인 것은 대놓고 대로변에서 하기 힘들 것이다. 그런데 이곳은 참으로 희한하다. 인간의 본능과 관계된 일들이 집합적으로 이루어졌고 지금도 부분적으로는 이루어지고 있으니 말이다. 특히 과거가 그랬다. 과거에 이 지역에는 많은 요정이 있었고 또 윤락가도 잠시 있었다. 그런가 하면 지금은 대표적인 게이들의 결집소로 되어 있고 국악을 위시해 가무를 담당하는 업소나 기관이 크게 성행하고 있는 곳이 이곳 아닌가?

게다가 이곳에는 유명 식당과 술집들도 많이 포진해 있다. 전통과 관련되어 있는 서울의 도심부 가운데 이곳처럼 역사가 오래된 식당이 많은 곳도 드물다. 익선동과 비슷한 지역으로 북촌과 서촌이 있지만 그곳에는 이런 식당이나 술집이 많지 않다. 뿐만 아니라 이 지역은 아직도 주민들이 살고 있고 이 지역을 출입하는 사람들이 수십 년째 다니고 있다. 특히 낙원동이나 돈의동 쪽은 나이든 이들이 수십 년을 왕래하면서 그들의 삶을 살고 있다. 그래서 이곳에 오면 활력이 생긴다. 게다가 앞에서 계속 보아왔지만 이 지역에서 영업하고 있는 업소들의 다양함은 다른 지역과 비교할 수 없다. 하도 다양해 갈 때마다 새로운 것을 발견하니 그 다양함을 필설로 다할 수 없는 지경이다.

천도교 본부 앞에서 바라본 운현궁과 양관, 현대사옥

이 지역은 이런 면에서 매우 소중한데 앞으로 어떻게 개발할 지는 이 지역의 주민들과 우리 모두의 몫이다. 이 지역의 역사와 문화를 살리고 현대에 맞는 개발을 해낸다면 이곳은 서울의 어느 전통 지역보다 훌륭한 지역이 될 것이다. 서울에 다시없는 명소로 재탄생할 것이라는 것이다. 그런데 실패한다면? 실패는 생각하기도 싫다. 그만큼 이 지역은 소중하기 때문이다. 그런 생각을 하면서 이 지역을 나서는데 바로 옆에 우리가 그냥 지나칠 수 없는 전통적 명소가 또 있다는 것을 잊어서는 안 된다. 이제 그 명소에 대해 잠깐 보고 이 지역의 답사를 마치자.

익선동을 나가면서 만나는 명소들 - 교동초등학교, 운현궁, 양관 등 이렇게 익선동 답사를 끝내고 다시 안국역 쪽으로 가면 바로 만나는 것이 교동초등학교이다. 이 학교는 한국 최초의 근대식 초등교육기관이라고 하는데 1894년에 세워졌다니까 역사가 120년이 넘었다. 그 자세한 것은 이 학교의 담장에 잘 소개되어 있으니 그것을 보면 되겠다. 나는 이 학교 앞을 지나갈 때 마다 그곳에 소개된 졸업생들을 유심하게 보는데 그들 가운데에는 한국 근대사에서 쟁쟁한 이름을 떨친 분들이 많다. 윤보선 대통령을 비롯해 초대내무장관이었던 윤치영, 반달 등과 같은 동요를 작곡한 윤극영, 원로 코미디언인 구봉서 씨 등이 이 학교를 졸업했다고 하니 말이다.

내가 이 졸업생들을 보는 이유는 이 사람들 가운데에는 내가 어쩌다 입학하고 졸업한 고등학교의 선배들이 많기 때문이다. 그들은 정부에서 국무총리 등 높은 관직을 누렸는데 집이 다 이 근처였던 모양이다. 추측컨대 그들은 아마 이 지역에서 태어나 이 교동초등학교를 들어갔고 그 다음에는 바로 옆에 있는 (경기)중고등학교로 들어간 것 같다. 그리고 서울대를 나와 관리가 되어 높은 벼슬을 한 것이다. 그러니까 이들은 지리적으로도 서울의 중심에 살았고 사회 안에서의 지위도 항상 중심에 있었던 것이다.

그에 비해 나는 가문은 빈한하고 가세 또한 형편없어서 사대문 밖에 살다가 어쩌다 이들이 다니던 학교에 들어가긴 했는데 그 다음 행보는 그들과 영 다르게 풀렸다. 서울대도 안 가고 고시도 보지 않아 한국 사회의 중심에는 들어가지 못한 채 빙빙 돌다가 이제 은퇴할 때가 된 것이다. 이 학교에 오면 그런 묘한 기분이 들어 꼭 졸업생들의 명단을 본다. 왜냐하면 내 동창들 가운데에도 이 사람들의 행적과 비슷하게 인생을 산 친구들이 꽤 있기 때문이다. 그 중에는 검찰총장도 있었고 부총리도 있었다. 그런데 이렇게 살았던 그들은 나보고 아웃사이더라고 할 테지만 내가 보기에는 그들이 아웃사이더인 것 같은데 나의 이런 생각에 동의할 사람이 있을지는 모르겠다.

그런 시시콜콜한 생각을 하다 조금만 더 내려오면 운현궁을 만난다. 이 궁이야 설명이 도처에 많으니 이 지면에서 또 구구절절 설명할 필요는 없겠다. 그러나 그냥 지나치면 섭섭하니 다른 곳에서는 잘 만날 수 없는 몇 가지 설명만 해보고 지나가자. 이곳이 운현궁으로 불리게 된 것은 조선 조 때 기상이나 천문 관계 일을 관장했던 서운관(書雲觀)과 관계된다고 한다. 서운관 앞에 있던 고개를 운현으로 부른 데에서 이 궁의 이름이 유래했다는 것이다. 이 서운관(혹은 관상감)은 현대 건설 본사 자리에 있었는데 지금 그

교동 초등학교

1918년 3월 교동공립보통학교 제8회 졸업생

곳에는 관천대, 즉 천문관측대만 있다. 나는 이 관천대 앞을 노상 지나만 다니고 한 번도 올라가 본 적이 없는데 이번 수업 때 처음으로 올라가 보았다. 가까이 가서 보니 돌계단이 있었던 자국이 보이는 등 아주 새롭게 보였다. 독자들도 혹시 그 앞을 지날 일이 있으면 이 관천대에 올라가 볼 것을 강력히 추천한다.

그런데 문제는 운현이라는 고개가 어디에 있는지 잘 알 수 없다는 것이다. 옛 기록에 따르면 현대 사옥과 운현궁 사이에 있던 작은 고개라고 하는데 지금은 그런 고개를 찾을 수 없다. 아마 이곳에 큰 길을 내고 건물을 건설하면서 그 고개를 다 깎아버린 것 아닌가 하고 추정해본다. 이 운현궁과 얽힌 이야기들은 많다. 그 중에서 중요한 것만 훑어보면, 이 궁이 고종이 태어나 자란 곳이고 명성황후와 결혼한 곳이라는 것은 잘 알려진 사실이다. 그런가 하면 대원군이 이곳에 있으면서 쇄국정책이나 서원철폐, 경복궁 중건 등과 같은 큰일을 행했다는 것도 아는 사람은 다 안다. 그가 청나라로 붙잡혀 가기 전에 이곳에서 이런 정책을 펼친 것이다. 이런 역사적인 이야기들은 인터넷을 검색하면 바로 나오니 예서 반복할 필요 없겠다.

이 궁에서 내가 제일 좋아하는 곳은 대원군이 사랑채로 썼던 노안당(老安堂)이다. 왕의 아버지 거처답게 규모가 크고 방들이 깊다. 또 집 자체도 입체적으로 되어 있어 품격이 다르다. 계단을 오르면 섬돌이 나오고 그것을 오르면 마루가 된다. 그런가 하면 누(樓)는 마루보다 조금 더 올라와 있다. 이렇게 보면 마당에서 누까지 가려면 4번의 업(up)을 해야 오를 수 있다. 이 집이 입체적인 품격을 갖고 있다는 것은 그 때문이다. 한옥은 대부분 이렇게 구성되어

입체적인 노안당

있는데 이 집은 대원군이 살던 건물이라 입체성이 더 두드러진다. 이 말이 선뜻 이해가 안 되면 일본집이나 중국집을 생각해보면 된다. 이 두 나라의 전통 가옥도 입체적이지 않은 것은 아니지만 한옥보다는 덜 입체적이기 때문이다. 이 노안당이 좋은 것은 계단부터 누까지의 입체성에 나타나는 비율이 아주 좋기 때문이다. 계단과 섬돌, 마루, 누의 높이의 비율이 기막히다는 것이다. 이런 설명은 가서 실물을 보면서 해야지 이렇게 글로 해서는 잘 와 닿지 않을 것이다.

이 건물 앞에 가면 노파심으로 학생들에게 꼭 하는 이야기가 있다. 노안당에 있는 앞마당을 보면 매우 좁은 것을 알 수 있다. 그래서 사람들은 예전에도 여기가 이러 했을 것으로 생각할지 모른다. 그러나 상식적으로 생각해보자. 원래 한옥의 사랑채는 앞이 시원하게 터져야 한다. 남성들이 손님을 맞이하고 접대를 하는 곳이기 때문에 폐쇄적일 수 없다. 그런데 이 노안당 앞은 답답하다. 사랑채 앞이 이렇게 막혀있을 수는 없는 일이다. 노안당 앞은 이보다 훨씬 더 넓었을 것이다. 실제로 노안당 앞에는 아재당(我在堂)이라는 건물이 있었다고 하니 규모가 지금과는 비교가 되지 않을 것이다.

그래서 말인데 이 운현궁은 지금보다 훨씬 더 컸다는 것을 알아야 한다. 김정동 교수가 쓴 『근대건축기행』을 보면 운현궁이 5천여 평에 이르렀다고 하니 상당히 넓었다는 것을 알 수 있다. 운현궁의 뒷땅은 현재 덕성여대가 소유하고 있는데 이것 역시 운현궁의 일부였다. 그뿐만이 아니라 일본문화원, 운현초교 등이 다 운현궁 땅이었다고 하니 지금보다 훨씬 넓었던 것을 알 수 있다. 이름이 궁으로 되어 있고 왕의 아버지가 살았던 곳인데 당연히 넓어야 하지 않겠는가? 그런데 일제기를 거치면서 그 규모가 지금처럼 줄어든 것이라고 하는데 어떤 건물이 어떻게 없어졌는가는 잘 알 수 없다.

그런데 운현궁 뒤에는 양관이라 불리는 꽤 특이하게 생긴 건물이 하나 있다. 이 건물은 현재는 덕성여대 소유로 되어 있는데 일반에게는 거의 알려져 있지 않았다. 게다가 운현궁에 가려 있어 바깥에서는 잘 보이지 않아 사람들이 더 존재를 알지 못했다. 그러던 게 이 건물이 '도깨비'라는 인기 드라마에 나오면서 일반인들의 주목을 받기 시작했다. 나는 드라마를 보지 않기 때문에 그 사정을 모르고 있었는데 이번에 답사를 하면서 그 정보를 접했다. 그런데 실제 드라마에서는 이 집 앞에서만 찍고 안에 들어가 찍은 것은 아니라고 한다. 나는 이 건물에 대해 진즉에 알고 있었고 그 안에도 들어가 보았다. 그게 몇 년 전 일인지 기억

양관

은 안 나지만 꽤 오래 전의 일이었다. 지금은 덕성여대 측에서 교정 안으로조차 들어가지 못하게 해 구경하기 힘들어졌는데 이전에는 특별한 제재를 가하지 않았다.

이 건물은 조선의 왕족이었던 이준용이 살던 집이라고 한다. 이준용은 대원군의 손자인데 일제가 그를 회유하려고 이 건물을 선물로 주었다고 하는 설이 있다. 그 뒤 그는 이 건물에 살면서 일본 정부로부터 작위도 받고 잘 살았던 모양이다. 이곳에 올 때마다 나는 제자들에게 이렇게 말한다. 일제기에 저런 건물이라면 지금으로 치면 수백 평이 되는 대저택이 될 것이다. 아니 현대의 저택으로 필적할 만한 게 없을 수도 있다. 당시 대부분의 사람들이 살던 아주 작은 집에 비하면 이 집은 궁궐과 같기 때문이다. 그런데 이씨 왕족들은 나라가 망했는데도 외려 이전보다 더 좋은 집에 살면서 벼슬 비슷한 것도 받았고 호의호식을 했다.

내 말은 이어진다. 조선 왕족 중에 독립운동을 한 사람은 별로 없다. 이들 가운데 독립운동을 한 사람으로는 고종의 다섯 번째 아들인 의친왕(이강) 정도만 기억날 뿐이다. 그래서 학생들에게 말하길 저 건물을 볼 때에는 건물만 볼 것이 아니라 조선 왕족의 친일성에 대해 다시 한 번 되새겨야 한다고 주장하곤 했다. 아울러 도대체 조선 왕족들은 왜 이렇게 국가의식이 빈약했는지 생각해보아야 할 것이라는 첨언도 잊지 않았다.

그런데 이 집은 건물 자체로 보면 매우 훌륭한 건물이다. 지금도 괜찮아 보이는데 당시는 얼마나 대단한 건물이었을까? 이 건물에 대한 설명을 들어보면 양식이 프랑스풍의 르네상스식이라고 나오는데 그게 어떤 양식인지 잘 모르니 제대로 평가할 수가 없다. 또 건축 전공자들의 설명을 읽어보면 너무 양식에 대해서만 기술하고 있어 이해하기가 힘들다. 설계부터 시공을 모두 일본인이 했고 재료도 일본에서 들여왔다고 하는데 이런 건물을 볼 때마다 드는 의문은 이게 정말 유럽식의 건물이냐는 것이다. 건물 본체는 유럽식 같은데 지붕이 그렇게 보이지 않는다. 내 어줍은 생각에 어떤 식으로든 일본풍이 스며들어갔을 것 같은데 건축이 전공이 아니니 섣불리 말할 수 없다.

이 건물을 재미있게 볼 수 있는 곳이 있어 그곳을 잠깐 소개하고 다음 설명으로 넘어가야겠다. 내가 학생들과 이곳에 가면 천도교 본부 앞에서 양관 쪽을 보라고 한다. 그러면 앞에는 운현궁이 있고 바로 뒤에 양관이 보이며 더 뒤로는 현대사옥이 있어 이 세 건물이 중첩되어 보인다. 이 자리에서 보라고 하는 이유는 조선과 일제와 현대에 세워진 건물들을 한 눈으로 볼 수 있기 때문이다. 조선의 운현궁과 일제기의 양관, 그리고 현대의 현대사옥이 겹쳐서

운현궁 안에서 바라 본 양관과 현대건설 사옥

보이니 그렇게 말할 수 있지 않을까 한다. 세 시대를 한 눈에 관통하는 것이다. 같은 시각은 운현궁 안에서도 취할 수 있다. 위의 사진 역시 운현궁과 양관, 그리고 현대사옥을 동시에 담은 것이다.

이제 정말로 마지막 장소인데 이곳은 그냥 이곳에 답사 온 사람들은 알 수 없는 곳이다. 이 건물은 운현궁에 바로 붙어 있는데 개인 소유로 되어 있어 전혀 개방하지 않기 때문에 사람들은 이런 건물이 있는지조차 모른다. 이 건물은 운현궁 북쪽에 있는 것으로서 이로당(二老堂) 바로 옆에 있다. 옆에 있다고는 하지만 담으로 격해 있어 사람들은

운현궁에서 바라 본 양관

이 건물에 대해 알지 못한다. 이 건물의 이름은 영로당(永老堂)인데 원래 운현궁의 건물이었으나 현재는 개인 소유의 건물(김승현 가옥)로 되어 있다.

이 건물을 보려면 운현궁을 나와서 북쪽 담을 끼고 들어가야 하는데 그 길이 또 사유재산인지 함부로 들어갈 수가 없다. 이 집 앞에 안내판이 있어 그것이라도 보려고 가까이 가면 왼쪽에 있는 건물에서 수위가 나와 나가라고 한다. 내가 갔을 때에는 제자들과 같이 있어 사정을 해서 사진만 찍고 나가겠다고 했다. 이 집의 사진은 문화재청에만 소개되어 있는데 건물 자체는 특별할 것 없다. 여기서 우리는 이런 건물이 여기에 있다는 것만 알면 충분하겠다.

이것으로 정말로 익선동 지역 답사가 끝났다. 이렇게만

보아도 서너 시간이 걸리기 때문에 이 시간이 되면 무엇이든 먹으러 가야 한다. 식당에 대한 정보는 앞에서 소개한 것으로 충당하고 다음에 다시 이 지역에 온다면 큰길(윤곡로)건너에 있는 북촌을 새롭게 보려고 한다. 그런데 북촌은 아주 넓어 한 번에 볼 수가 없다. 그런 까닭에 나는 요즘에 동(東)북촌과 서(西)북촌을 나누어서 본다. 북촌을 꼼꼼하게 보려면 너덧 시간이 걸리기 때문에 이렇게 둘로 나누어 보는 것이다. 따라서 다음 향방은 동북촌이 될 성 싶다. 여기도 골목마다 뒤지면 예상하지 못한 핫한 곳이 나와 여간 재미있는 게 아니다. 그런 동북촌 볼 날을 고대하면서 이번 답사는 예서 마치자.

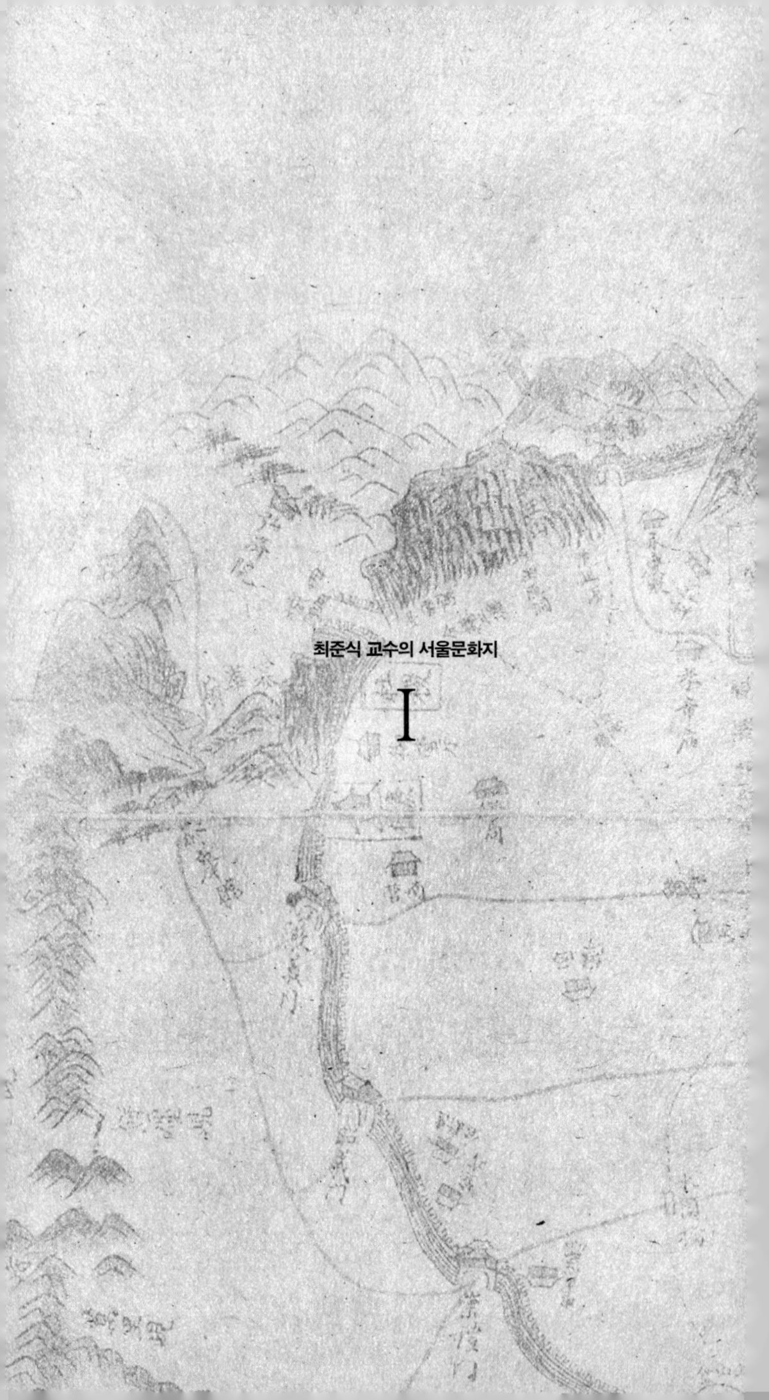

최준식 교수의 서울문화지

I

익선동 이야기

최준식 교수의
서울문화지 I

익선동 이야기

지은이 | 최준식
펴낸이 | 최병식
펴낸날 | 2018년 3월 19일
펴낸곳 | 주류성출판사
주소 | 서울특별시 서초구 강남대로 435(서초동 1305-5) 주류성빌딩 15층
전화 | 02-3481-1024(대표전화)   팩스 | 02-3482-0656
홈페이지 | www.juluesung.co.kr

값 12,000원

잘못된 책은 교환해 드립니다.
이 책은 아모레퍼시픽의 아리따글꼴을 일부 사용하여 디자인 되었습니다.

ISBN 978-89-6246-345-3 04980